启真·闲读馆

Es möge Erdäpfel regnen:

EINE KULTURGESCHICHTE DER KARTOFFEL.

诸神的礼物

马铃薯的文化史与美味料理

〔奥〕英格丽·哈斯林格/著

薛文瑜/译

ZHEJIANG UNIVERSITY PRESS
浙江大学出版社

Die Autorin dankt herzlichst

作者由衷感谢

硕士工程师 Elisabeth Baumhöfer，杏仁树出版社（Mandelbaum Verlag），维也纳；

Wies Erkelens，阿珀尔多伦（Appeldoorn），荷兰；

Barbara Kosler，马铃薯博物馆，慕尼黑；

Nils Otto Larssen，Anni Mohr，丹麦；

硕士 Harald Schmid，利林费尔德；

Paul Stapleton，出版品预行编目（CIP），利马，秘鲁；

Anton Strasser，糕点师；

上采林（Oberzeiring），Steiermark Hermine 与 Michael Weisshappel，维也纳；

Hildegard Wilhelmsson，瑞典

目　录

前言 1

Vorwort

也是引言 5

Anstelle einer Einleittung

土苹果从何处来? 11

Woher stammen die Erdäpfel?

进军欧洲 25

Die Reise nach Europa

从诸侯的餐桌到平民美食 43

Von der Fürstentafel zur Massenspeise

在欧洲突围 55

Der Durchbruch in Europa

欧洲料理中的土苹果 87

Die Erdäpfel in Europas Küchen

土苹果的种类及国际马铃薯中心 187
Erdäpfelsorten und das Centro internacional de la papa

土苹果可有明天? 191
Haben Erdäpfel Zukun?

土苹果字典 197
Das Erdäpfelwörterbuch

参考文献 201
Quellen und Literatur

前言

Vorwort

如果你想享用我的果实，请不要在我的枝丫上寻找。把我摧毁！然后你会在我的脚下找到果实。

——谜语

德国文学家格尔哈德·诺伊曼（Gerhard Neumann）在其著作中说得好：“一直以来，人类历史就是一部饮食社会史。”

通过交易活动和战争，古老文明的子民持续不断地了解新的天然农产品、可食用的动物及其烹调方式，建立新的饮食习惯，例如来自小亚细亚的芦笋和樱桃，就是这样传入欧洲的。

1492 年，哥伦布（Christoph Columbus）发现美洲，这对欧洲烹饪术的发展有特殊的意义。信奉伊斯兰教的奥斯曼帝国（Osmanen）统治近东并控制通往远东的入口，使得欧洲和印度的贸易往来陷入停滞状态。哥伦布试图在他的探险之旅中找到通往印度的另一扇门，不料却来到一个“新世界”。此后欧洲人认识了可以作为食物及非必需品[1]的材料，这全盘改变了欧洲菜的面貌：番茄、青椒、四季豆、菊芋、玉米、南瓜、旱金莲、菰米、菠萝、牛油果、草莓、百香果、向日葵、花生、香草、多香果、可可和烟草。但这些食材或非必需品都不像在其故乡被称为帕帕斯（papas），并在17世纪初的欧洲被称作索拉努·吐北萝苏（Solanum tuberosum）的土苹果[2]那样，对欧洲食材产生全面且持续性的影响。

当第一颗马铃薯来到欧洲时，没有人想到这个不起眼的、形状不规则的植物根部会彻底改变欧洲的饮食习惯和烹饪术。今天，土苹果仅次于小麦、玉米和稻米，成为全世界第四大耕作食用植物。在安第斯山脉居民耕种的约30种可食用的根茎类植物中，只有土苹果周游列国，拥有国际地位。

世界上第一份德语的土苹果食谱，源自1581年马克思·伦波尔德大师（M.[eister]Marx Rumpold）的《美因兹选帝侯的御厨》（*churfürstlich Meintzischen Mundtkoch*）。参见此书的第12页，加入酸奶或鲜奶油，使这道早期的土苹果料理变得美味可口。17世纪时，下奥地利州本笃会修道院赛滕施泰滕（Seitenstetten）已开始种植土苹果，并且开发出早期的土苹果

[1] Genußmittel，指烟草、酒、咖啡等。

[2] Erdäpfel，奥地利某些地区对马铃薯的习惯用语，其字面意思为“土苹果”。作者在全书中交错使用“土苹果”与“马铃薯（Kartoffeln）”，为忠于原文，中译亦随作者使用词汇而变动，两者名虽不同，然意皆为马铃薯。

色拉食谱，这些足智多谋的修士还研发出用铝箔包土苹果加以烘烤的原始雏形。

欧洲人最初试着用处理其他常用食材的方式来烹调土苹果，如油煎、水煮、取代面粉用来制作蛋糕、用来煮粥、制作粗食点心，直到后来才终于认识到它“独特的”的潜质及多样化烹调的可能性。丰富的调味及在一道菜中搭配不同香料（如肉豆蔻、肉豆蔻花、藏红花、胡椒、姜、多香果等），用葡萄酒或柠檬使之酸化的做法，则保留到 19 世纪初。

基本上，本书采用奥地利习惯用语——土苹果，许多同僚认为土苹果即法语的 pomme de terre（地下的苹果）是唯一正确的名称。土苹果的确是长在土里的（至于它长得像不像苹果则见仁见智），和松露相比，它除了长在相同地方外没有其他共同之处，因此，尽管德语的马铃薯（Kartoffel）其名称源自意大利语的松露（tartuffo），但两者间的相似度非常低。

至于那些异国食谱，在可以理解的范围内，书中则保留其原文菜名，如果可能，也尽量保留各食谱在历史上的名称。这些食谱都是在各欧洲国家的食谱书中搜集汇编而成，只要查得到年代的便会加以注明。有趣的是，早期的土苹果食谱几乎没有恰当的名称，往往就叫作土苹果，然后加上简单的烹调用语如油煎、水煮等。

本书不是传统意义上的食谱，而是着眼于土苹果的饮食文化史。书中所附的食谱主要用以说明土苹果作为菜肴的发展——从最初在欧洲非常简单的做法到今天各式各样的料理方式，并展现外表看起来不起眼的“papas Indorum radix”（马铃薯）的无穷变化性。这些食谱并未被视为该国地道的风味菜，毕竟它们几乎出现在每本食谱中。更确切地说，那些欧洲地区不为人知的土苹果料理，更能表现出该国的风味特色。

我的家族热爱土苹果，在我的菜单中它每周都会出现好几次，如土苹果煎饼、土苹果色拉、土苹果丸子、土苹果甜煎饼、炒土苹果、荷兰芹土苹果、土苹果汤、土苹果泥等，我会在各种蔬菜汤中加入土苹果，让汤变得更浓稠也更营养，会用土苹果面团制作罂粟子手指面和土苹果手指面，也可以拿来做杏桃或李子团子的酥皮。这些菜肴或配菜在某种程度上是耗时费工的，因此要坐下来慢慢享用才值得。

也是引言

Anstelle einer Einleitung

马铃薯美丽红润又白如雪花石膏，好消化，对男人、女人及小孩来说，真是护胃圣品。

——克劳狄乌斯[1]

Claudus

尽管土苹果在16—17世纪的欧洲尚无法成为主要粮食，但在1740年前后，学者约翰·海因里希·泽德勒（Johann Heinrich Zedler）还是在他编的百科全书中给了它一栏文字。泽德勒称土苹果为土松露（Tartuffeln，此叫法应与意大利语有关），为了保留此段对土苹果的早期描述，下文将一字不漏列出百科全书中的记载。泽德勒对这种新蔬菜的来源交代得很清楚，并提到一些烹调方式，也记录了土苹果色拉与薯片的食谱。泽

[1] Matthias Claudus，18世纪德国诗人兼评论家，代表作为《死神与少女》（*Der Tod und das Mdchen*），后经舒伯特谱成同名歌曲。

德勒已经知道，可以将土苹果作为肉类菜肴的配菜。

“土松露，塔图斐（Tartufles），是一种前人不认识的植物，两位新近的植物学家将它们命名为 Solanum tuberosum esculcutum 或 Papas Peruanorum，那是一种陌生的土苹果（对泽德勒来说，松露也是一种土苹果），它最初是由美洲地区的秘鲁引进，现今在我们的农庄亦属常见。这种草本植物有黄色的根部及白色的花，或是红色的根部及白色的花，而后者又比前者更为常见。它的果实和小苹果一样，初为青绿，之后待其成熟，则透白且带有许多芽种。它们虽然可以通过种子栽种，但用块茎种植的效果会更快更好。10 月份收成时，较大的块茎可供食用，较小的则放在地窖的沙堆中，待春天满月时分，再移至深达一米、间距约一拃[1]宽的丰饶含沙土壤。虽然意大利人直接引用土松露一名，但此土松露不可与松露即地底的蕈类混为一谈。人们将它在水中煮熟，外皮剥落，再放入酒或（鸡）高汤，之后加入奶油、盐、豆蔻花，再将之煮沸。食用方法有很多：或搭配牛肉及阉羊肉；或切片在油中煎炸；或淋上洋葱汤、柠檬高汤；或待其冷却搭配可食用树油（Baumole）、酒醋和白胡椒。土松露搭配可食用树油的清洗方式为：将土松露放在油中，然后取出放入温水中洗净，再将之切成片状，就像将菊芋切片

[1] 拃，音 zhǎ，长度单位，手掌伸开，拇指与中指尖的长度是为大拃，而与小指间的长度是为小拃。一拃为 8—10 英寸，约等于 20—28 厘米。

一样。土松露佐热油：土松露洗净后切片，放入盘或碗中，用白胡椒、小豆蔻（Cardamomen）和柠檬片调味，淋上少许高汤和酒，再撒上粗面包粉，然后放在煤炭炉上，加三到四汤匙加达尔油[1]，并挤上两颗柠檬，便可端上桌。土松露佐油醋：先将之洗净，然后切成片状，再放入盘或碗中，浇上加达尔油及上好酒醋，撒上柠檬皮和白胡椒后端上桌。土松露佐柠檬酱：土松露洗净切片，放入煮锅或碗中，撒上粗面包粉，再用豆蔻花、柠檬皮和小豆蔻调味，加入一小块没有杂质的奶油，淋上上好高汤和少许酒，再将之放在炉上小火煮熟，端上桌前淋上现挤柠檬汁即可。”

[1] Gartzerol，意大利北部加达尔湖附近生产的树精油。

土苹果（1581 年）

土苹果去皮并切成小块，将之浸入水中，用纱布包裹过滤压成泥并在切成小块的肥油中煎，加些牛乳，待其煮沸即可食用且滋味鲜美。

帕帕斯（奥地利赛滕施泰滕，1621 年）

如果你用下列方式烹调，此根茎会是一道极美味的佳肴：将巴卡拉斯（Bacaras）或帕帕斯在水中煮熟，或包在纸中在灰烬里烤至变软，然后剥去红色外皮，再彻底清洗干净。取得洁白果肉后，将之捣碎拌入糖、玫瑰精露与肉桂调味，再加入奶油烘烤。若你再撒上厚厚的面粉，那么就能拥有无与伦比的美味蛋糕。色拉则可用下列做法：取巴卡拉斯或帕帕斯洗净，煮软后切片，加入油、醋、胡椒、盐或糖后享用！若您食欲不佳或想治疗肺结核并变胖一些，那么将洗净的帕帕斯和阉鸡、母鸡或阉羊肉同煮。此汤是具有疗效的营养圣品。

[源自拉丁文]

马铃薯（1648 年）

马铃薯洗净煮至松软后将水沥干，待其冷却，再除去外皮。大的切一刀或两刀，小的维持整颗。再将之放入锅内，淋上葡萄酒，加入奶油、豆蔻花、香料及盐，将之煮沸，食用前撒上姜即可。

烹调土苹果（德国纽伦堡，1694年）

清洗土苹果，置入水中，使之煮沸，直至松软，待皮剥落，之后将之放入陶碗，切成小片，但不要太薄，放入锅内，淋上高汤，用胡椒和豆蔻花调味，使之在高汤中沸腾一会儿。上桌前，加入奶油和少许面粉，放回炭火上煮，使之沸腾，变成浓一点的高汤，并试试咸度而后再端上桌。

土苹果或土梨色拉（1762年）

土苹果或土梨在盐水中煮软，去皮并切成片，加入胡椒、洋葱丁、少许盐、食用树油及醋，搅拌后静置半小时即可。

水煮土苹果（1762年）

土苹果置于有水的锅内煮软后取出，去皮切成圆形，再放入陶制容器，并加入奶油、高汤、姜、胡椒和肉豆蔻并煮至沸腾即可。

土苹果—牛肉（1796年）

在食用前一小时取牛肉一块放入平底锅中，加入少许肥油还有威斯特法伦的火腿、欧芹、胡萝卜、小牛肉、胡椒粒、豆蔻花和少许盐，淋上两大勺牛肉汤后，将之置于炭火上，使之在汤汁中慢炖并注意肉不要煮太老。当汤汁收干时再加入一勺牛肉汤，使之保有汤汁。土苹果洗净并煮沸，在矮锅中加入一块奶油，使之融化，加入一勺面粉，炒至金黄色，再加入土苹果稍煎一会儿。将煎好的土苹果加入肉汤中继续煮，之后将土苹果盛入碗中，再放上牛肉，并淋上肉汁即可。

土苹果饼（1796年）

六罗特[1]的土苹果刨丝，加入四枚蛋黄，一枚一枚陆续加入搅拌均匀，最后加入半颗柠檬皮，全部一起搅拌半小时，再用小火煎熟即可。

土苹果（1799年）

土苹果洗净，在盐水中煮沸，彻底去皮并切片。再取奶油在矮锅中加热，加入洋葱爆香，再加入土苹果、盐、胡椒，炖至金黄色，之后撒些面粉，搅拌均匀，淋上上好牛肉汤后继续煮。

或者：将土苹果洗净，在盐水中煮沸去皮，放入碗中。另取一只酱料碗，内备有刚加热融化的奶油或芥末即可。

---

[1] 罗特（Loth，亦作Lot），古重量单位，也是宝石与银的重量单位。1罗特=1/32或1/30磅=15.6–17.5克。

土苹果从何处来？

Woher stammen die Erdäpfel?

土苹果是会造成胀气，但排气又能给农民和临时工最强壮的器官带来什么伤害？

——德尼·狄德罗

Denis Diderot

根据推测，野生土苹果在公元前 8000 年就已经是人类的食物了。在秘鲁境内的南美洲最大高原湖泊——的的喀喀湖（Titicancasee）地区，人类开启了土苹果文化的拓展史，它们由此往智利北部、阿根廷西北部及厄瓜多尔南部开枝散叶，就连阿根廷及智利南部的巴塔哥尼亚的奇洛埃岛（Chiloe）都有野生土苹果的足迹。

考古学家在秘鲁、玻利维亚和智利的遗址中发现了土苹果的残余，由此可推断在公元前 2500 年左右，当地人就开始栽种土苹果。这意味着，约在公元前 50000 年前的冰河时期，今天安第斯山脉居民的祖先，便已穿越当时的白令海峡，在美索不达米亚平原发展出人工培植作物，象征着人类过上定居的生活，且社会分工已经成型。在西班牙人统治南美之前，土苹果已成为当地居民的主食，即今日秘鲁人所说的 planta naciond。

有趣的是，在前哥伦布时期，虽然这种茄科块茎植物，以野生的姿态蓬勃生长在科罗拉多州 [1]，但在中美及北美洲，却未见土苹果的耕种。究其原因是危地马拉及墨西哥的肥沃土地提供了丰饶的物产（尤其是玉米和树薯 [2]），因此当地居民没有必须努力耕种其他作物的压力。但是南美洲的情况则大不相同，公元前 8000 年至公元前 5000 年，想在此处定居的移民，举目所见的是恶劣的环境：在低地有高深莫测的雨林，雨林中的动物有食肉鱼、鳄鱼、美洲豹、美洲狮、蟒蛇等，都让人心惊胆战。然而，还是有些人留在这里，在林中空地种植树薯，并以鱼、乌龟维生。

人类基本上还是倾向于向高处（西班牙语为 alta plana 或 puna，意思是晕眩或高山症）迁移，但在高原及较高的峡谷则没有树薯，玉米产量也随海拔升高而递减，因此移民必须寻找一种在每个海拔高度都相对好种植的作物当作主食。土苹果的种植对南美洲西部来说是举足轻重的，这一地区的地形以南北走向的山脉为主。高山上种植的土苹果味苦，原因在于

---

[1] 编注：Colorado，美国西部的一州，首府为丹佛。

[2] 编注：又称木薯，热带作物，原产于南美洲亚马逊河流域。

块茎中含有化学物质糖苷生物碱（Glykoalkoloide）的浓度不同。一方面，此物质对人类来说是有毒的，大量食用甚至可能致人死亡；另一方面，糖苷生物碱也使在高地生长的土苹果特别耐寒。因为单单通过高温方式无法分解糖苷生物碱，所以只经过烹煮是无法享用土苹果的。数千年前安第斯山脉的居民发明出“丘诺”[1]，这是一种后来得到进一步研发的防腐技术，能去除土苹果的毒性使其可以被食用。此外，“丘诺”在不透水的密闭空间中可存放长达 10 年之久。

在安第斯山脉和纵贯美洲大陆西部的科迪勒拉山系（kordilleren）中，有海拔高约 2300—3500 千米的山谷，这一地区雨量适中。高达 6000 千米的群山之间还有海拔为 4000—4800 千米的高原。而适合耕种土苹果的地区，则大部分位于相对现代化的国家和地区，如哥伦比亚、厄瓜多尔、秘鲁、玻利维亚和智利北部。除了哥伦比亚之外，这些国家和地区在西班牙人到来之前，都在印加帝国的统治之下。

或许是印第安人从东部移居上述区域之故，研究者在安第斯山脉东边的热带草原发现了野生玉米的痕迹，这些玉米是由中美及北美洲引进的，但如前所述，玉米在较高的海拔地区无法生长，那么移民何时发现土苹果可作为主食？目前还无法确定这个问题的答案，不过，无论如何，土苹果让人类可以在贫

[1] Chuno，即以干燥脱水法制成的土苹果。

瘠的高地存活下来。土苹果种植地区应是从的的喀喀湖一带开始，此处有野生美洲骆驼，后来被定居于此的移民驯养。

在安第斯山脉的高原地区，从古至今都生长着许多野生块茎植物——“索拉纳”(solana)，它们之中就有土苹果的祖先。高山上的印第安人依据块茎植物的不同气候需求，挑选出最适合这一地区的品种。除此之外，富含碳水化合物的块茎的优点是，天寒地冻之际仍可储存植物养分，因此，海拔较高、土壤贫瘠也不会成为问题。

印第安人开发出专门耕种土苹果的工具，原来只是木棍加上在火中炼硬化的平面铁铲，后来研发出“铲棍”(taclla)，即今日铁锹的前身。四名男子排列成行在前掘土，女人将有土块的草皮埋入土壕左右两侧，并用一种长柄斧松土，日后她们也会用这种斧将土苹果挖出来。冬天到来就让土地休养生息，等到播种时节到来，土壤因草皮的腐化变得肥沃，这时就可以将种子埋入土中。今天高山印第安人和当时印加人使用的工具不同，区别就在于前者备有钢刀。

接下来的重要步骤是，在日夜温差极大的情况下（白天气温可达 20℃以上，一旦日落便天寒地冻，几乎夜夜结霜），为了存放及贮藏土苹果，当地人发明了一种冷冻干燥法，制成的成品名为“丘诺”，这项技术成就惊人，欧洲人要到 20 世纪时才渐渐找到能保存土苹果久一点的方法。

印加帝国最著名的编年史家皮德罗·齐耶萨·迪里昂（pedro

de Cieza de leon）对“丘诺”也不陌生，他观察印加人的工作流程并写道：“人们将之在太阳下晒干，使其能存放到下一次收成的时候。晒干的土苹果名为‘丘诺’，对本地人来说，它们是弥足珍贵的，因为这里不像帝国的其他地方那样有灌溉系统，郭拉族人（die Collas）在雨水不足、作物歉收时，要是没有脱水土苹果就得挨饿。”皮德罗·齐耶萨·迪里昂堪称欧洲第一人，他了解到土苹果的重要性并将之记录下来。在哥伦比亚初识土苹果后，他在书中写道，那里有“印第安人非常喜欢吃的‘土核果’，而它对西班牙人来说也是好菜”。齐耶萨·迪里昂承认此“核果”外形很像松露，且“烹煮后内部会软如栗子，它和松露一样，外无硬壳内无果核。它也是长在地底下，叶子看起来就和罂粟的一模一样”。他在1537年就写下编年史，但在很久之后才付印出版，他也记录下在基多（Quito，今厄瓜多尔首都）、波帕扬（Popaýan，今哥伦比亚西南考卡省首府）和帕斯托（Pasto，今哥伦比亚西南纳里尼奥省首府）有土苹果的存在。在笔记中，齐耶萨·迪里昂以西班牙裔拉丁美洲诗人兼骑兵裘安·德·卡斯德兰诺（luande Castellanos）的报道为依据，卡斯德兰诺参与了1536—1537年间带领西班牙人走进马格达莱纳河（Rio Magdalena）的殖民征服者冈萨格·希梅内兹·德·奎萨达（Gonzala Jiménez de Quesada）的远征。当占领者抵达梭罗郭塔（Sorocota）小镇时，卡斯德兰诺执行的任务是充当侦察兵。居民一看到西班牙人就逃，占领此地的西班牙人在房舍中找到的不是预期中的黄金，而是玉米、豆类和“松露”。卡斯德兰诺认为，“松露（即土苹果）”这种植物“有暗紫色的小花和滋味十足的粉质根部，对印第安人来说是接受度很高的礼物，对西班牙人来说也会是美味佳肴”。不久之后，当这支远征队占领波哥大（Bogota）时，西班牙人才发现玉米和土苹果是当地居民的主食。在出版作品中，第一次出现土苹果应是1552年由历史学家弗朗西斯科·戈莫拉·德·洛佩兹（Francisco López de Gómara）所写的《印加通史》（*Historia General de los Incas*）。

“丘诺”长期以来在整个南美洲都是常见的粮食，这是一种土苹果制品，不会受严寒和酷暑所影响。当时制作丘诺的方法，和今天由从前西班牙编年史家流传下来的做法并无二致：将土苹果放在外面经受夜间的寒气，隔天早上家人聚集起来光脚在土苹果上踩踏，如此一来，其中的水分即被压出。这时再将“丘诺”直接曝晒在阳光下，而“白丘诺”——名为吞塔（tunta）则会被覆盖在稻草下。此过程会重复进行4—5天。一般的“丘诺”会经过完全脱水后再存放，而“白丘诺”则被放在浅浅的水盆中，之后在太阳下晒干，以确保它是纯白色的。人们将之制成土苹果粉，它深受西班牙家庭主妇喜爱。

“丘诺”对印第安人的意义大概就如同面包之于欧洲人那样，烹煮杂烩汤（chupa，丘帕）时没有脱水土苹果是无法想象的。于是“丘诺”便成为热门的商品，住在山上的居民用它交换来自深谷和西部海岸的产品（如玉米、木薯、陶器）。连医师兼数学家杰罗姆·贾当（Jérôme Gardan，即吉罗拉莫·卡尔达诺 Girolamo Gardano）都在 1575 年记载说，土苹果对印第安人来说，就像面包在欧洲的地位般重要又平常。

1200 年，印加部族（即在的的喀喀湖附近的高山族）取得统治地位，印加人征服邻近部族并在库斯科城（Cuzco）建立权力中心。为了安抚统治区内的人民，他们进行了一场人口交换计划——将自己族人迁入新占领区，而当地部族则迁到原来统治地区。这样一来，与土苹果有关的知识就散播开来。

1653 年，西班牙耶稣会会士贝尔纳贝·古博（Bernabe Cobo）在其编年史《新世界的历史》(*Historia del Nuevo Mundo*) 一书中，将土苹果称之为“印第安人的面包”。而此用途广泛的食物，也的确是安第斯山脉居民的能量来源，让他们在相对贫瘠的生活环境中，得以持续发展并建立了文明社会。然而在古博之前，有位驻利马（Lima）东部高原的西班牙官员，名为达戈·达乌伊拉·布里希诺（Diego Dávila Briceño），他在 1586 年就已正确评估土苹果对当地人的重大意义及对其故乡的潜在价值：“在这些河流的上游，人们播撒和采集需要在冰冷土壤中才容易发芽的土苹果种子，它们是印第安人在这个区域里最重要的维生食粮。它们的外形有点像松露，如果它们在西班牙的情况生长也能像在这里一样，那么它们就会是荒年时的救命丹。”此预言式的见解，在几个世纪之后的欧洲也应验了。

古印加时期的土苹果有深紫红色的外皮和黄色果肉，正如来自秘鲁高原的印加人所称，这是“诸神的礼物”，也是印加人建立王国的根基。因此，他们敬重土苹果，赋予它带有神性的名字“axo mama”（土苹果妈妈），它会监督果实的生长。安第斯山脉的居民在一场祈祷中祈求这珍贵的块茎能有好收成：“喔，造物主啊！您赐予所有生物生命并创造了人类，为了能让人类存活并繁殖后代，请您也让大地的果实——帕帕斯（土苹果）和您所创造的其他粮食丰收，如此人类才不会为饥荒与疾病所苦。”这段就是为求土苹果丰收的祈祷文，是在1575年由祭司克里斯托巴尔·德·莫利纳（Cristobal de Mdlina）所记录下来，因为这些祈祷文不同于以往，所以将其记录在册。印第安人也会在死者的墓中放入土苹果，使其在前往来世的途中不致挨饿。

安第斯山脉的居民将许多陶器的外形做成土苹果的样子，由此可以看出土苹果对其影响之广泛。不寻常的果实如双生或连生的土苹果，则被视为好兆头并被妥善收藏。由于西班牙人急于把基督教带入这个地区，因此他们将此习俗视为眼中钉，正如想要将当地的其他神话和仪式不除不快一样。

有趣的是，印第安人解释土苹果如何来到世界也是通过神话传说。相传太阳在安第斯山脉一带被视为最高神祇，只有处女可以执行膜拜仪式。有一天，一名处女爱上了寻常农夫，但这段爱情是被禁止的，于是两人被处以活埋的刑罚。突然间，世间的植物开始变得干枯，人类也因此挨饿，只有这两名恋人的周围一片青翠碧绿。人们害怕这是一场诅咒，便想挖坟将死者焚化，但他们发现的不是尸体，而是一个粗大的块茎，又各自分化并繁殖。帕恰妈妈（Pacha mama，意为大地之母）将此诅咒变成对人类的赐福。

喜阿恰·库里（Hiatya Curi）是印第安文化中最有权威的神祇之一，他外表谦和，身穿粗布破衣四处游荡，借助热石头将土苹果烤熟食用。在印第安神话中，库里根本就是土苹果的化身——因为土苹果外表同样朴实且不起眼，但在它的外表下却有着丰富的内在。

过去的土苹果丰年庆，往往伴随着残忍的祭礼。厄瓜多尔南部的感恩节上，每年会有上百名儿童被杀死，印加人也禁止不了此陋习。齐耶萨·迪里昂记载了1547年的土苹果庆典，庆典中有位西班牙神父全程参与，他巨细靡遗地告诉编年史家，当鼓声召唤印第安人前来，所有酋长盛装到来并在刺绣华美的斗篷上落座时，一排身穿七彩服饰的男孩入场，他们一手拿着武器，另一手拿着一袋古柯（koka）。一群较年长的与宴者背着女孩一同出席，女孩们身穿连衣裙，拖着长长裙尾，肩上背着袋子，里面装有许多衣物和金银。接着到来的是当地的劳工，他们肩上扛着犁，后面跟着6名各自带着一袋土苹果的仆人。绕行场地一圈后，工人随鼓声起舞，并将装有土苹果的袋子高举过头。接着一个一岁大的僧侣被带进会场，由最高酋长宰杀后将其内脏留给神父。人们尽量承接小僧侣的鲜血，并淋在装有土苹果的袋子上，而这些土苹果会被用来当作种子。遗憾的是，这位西班牙神父此刻失去理智，他怒斥所有人并大声喊叫，以致集会解散。

在1565—1568年间，西班牙神父达戈·罗德里奎兹（Diego Rodriguez）访问秘鲁，受到印加统治者接待。当时，这种接待对于一个西班牙人来说，并非是理所当然的。罗德里奎兹被安顿在两间房舍，他这样描述他的膳食："食物以玉米、土苹果、小豆和当地出产的其他农产品为主，此外还有非常少量的肉类，有鹿肉、禽肉、金刚鹦鹉和猴子肉，烹调方式皆为水煮及烘烤。"

印加帝国组织严明，行政管理带有共产主义特色，以有效的统计制度著称。战争期间会在全国各地设立仓库，存放衣物、武器和"丘诺"，好让士兵有足够的后勤补给。在太平时期这些物资则提供给贫穷、饱受饥饿之苦的市民阶层。

在1532—1533年间，西班牙人带着火炮入侵印加帝国，满带武器的欧洲人长驱直入，这个原本组织完善的国家如纸牌屋般一触即塌。在短时间内，印加帝国以残酷的方式减少了约1000万人口。不过几个月的时间，精练的管理制度已不存在，战略上重要的仓库也已解体，只有在交通不便地区的乡村，还可以继续栽种土苹果维持生活。1526年，西班牙征服者弗朗西斯克·皮萨罗（Francisco Pizarro）从达瑞安地峡（Isthmus von Davien）沿太平洋海岸往秘鲁航行，根据推测，他应是第一位看到土苹果的欧洲人。还有 1535 年，西班牙占领者达戈·德·阿尔马里奥（Diego de Almagro）和德·萨拉特（Augustin de Zárate），也为印第安人的帕帕斯记上一笔，在 1544 年断定其为重要的可食用块茎。

1584 年，菲立普·郭曼·波玛·德·阿育拉（Felipe Guamán Poma de Ayala）发表了一篇关于在安第斯山脉的生活及历史事件的论文，文中附上许多印第安人的生活方式、土苹果的耕种及加工方式的图片。即便今日，土苹果在安第斯山脉的地位依然崇高，受到狂热的崇拜，人们仍以 mama jatha 之名称呼它，意思大概是“地母之根”或“生长之母”。在被西班牙征服之前，土苹果在印第安人眼中地位尊贵，将一锅土苹果煮软所花的时间，甚至成为某种测量单位。而帕帕·康恰（papa cancha）则是面积单位，即可以提供一个家庭一整年所需的土苹果的面积。直到现代，一些古老的繁殖力的传说及仪式依然保留下来，例如：为了让帕恰妈妈保持多产及对人类友好，印第安人会在收成后，在土里埋入土苹果及热石头，以供帕恰妈妈食用，之后农人才坐下来一起用餐。在安第斯山脉的偏远地区，少数基督徒族群间依然流传着这些原始神话。

印第安人食用的土苹果是经过水煮的，他们会烹煮各种汤和大锅菜。在西班牙人到来之前，他们喜欢在汤内加入美洲骆驼肉干和豚鼠肉。今天邻近安第斯山脉的各个国家的料理，给人的印象依然离不开大量使用土苹果，因西班牙人引进了酒、橄榄、蔬菜、莴苣、茄子、洋葱、芦笋、柠檬等食材，更丰富了今天印加文化的烹调艺术。在西班牙占领前，对于印加饮食而言，牛肉、鸡肉和兔肉也是陌生的食材。

丘佩（Chupé）

在羊肉或牛肉高汤中，加入土苹果及洋葱煮至软，最后加入肉块同煮。

恰罗（Chairo）

同上述食谱，只是以“丘诺”取代新鲜土苹果。

瓦特亚（Watya）

新鲜土苹果连皮置于热石头间约四十分钟烤熟，烤软的土苹果再佐以奶酪或阿括蒂透（aguatito，此酱汁做法为干辣椒在油中煸香，再加盐调味）食用。

土苹果煎蛋饼（Panquas da papa）

生的土苹果六颗，蛋两枚打散，刨丝的蒙特里奶酪（Monterey-Käse，埃文达干酪、高达干酪）一百五十克，盐一茶匙，油、面包粉若干。

土苹果去皮切块，在盐水中煮软后过筛，冷却后加入其他材料混合成不太扎实的面团，再揉成小球后压平。取平底锅热油，再将蛋饼的双面分别煎熟，置于纸上吸去多余的油脂即可。

白酱土苹果（Papas a la Huancaina）

加盐的羊干酪两百五十克，鲜奶油两百五十毫升，蒜头一瓣压碎，植物油三汤匙，红葱头一颗切细丝，辣椒一到两个（依个人喜好）切细末，煮熟的去皮土苹果五百克。干酪加鲜奶油在油中化成泥稠状并调味，必要的话可加少许盐。土苹果切成片，铺在绿色色拉上，再淋上酱汁，待冷却即可食用。

土苹果色拉（Ensaladilla de papa）

紫土苹果五百克，洋葱一个切丁，蒜头一瓣压碎，辣椒粉二分之一至一咖啡量匙，植物油一汤匙，蔬菜汤两百五十毫升，藜麦洗净，盐、胡椒适量，煮熟的玉米粒五百克。土苹果洗净，连皮切成薄片，和洋葱、蒜头及胡椒粉以文火煸软，再加入蔬菜汤并煮沸，加入藜麦、盐及胡椒煮十五分钟后加入玉米粒静置五分钟，热食或冷食皆可。

青椒牛肉土苹果（Carne con chile verde y papas）

牛肉五百克切块，肉骨汤适量，洋葱一个切丁，大番茄一个去皮去籽，蒜头压碎，两个大土苹果去皮切块，盐、胡椒若干。牛肉在汤中煮软，加入蔬菜续煮二十分钟。加入面粉使汤浓绸，再用盐及胡椒调味，宜佐墨西哥薄饼。

进军欧洲

Die Reise nach Europa

我还是一直认为，膳食艺术是人类最重要的活动。

——安东尼·奥古斯丁·帕蒙提耶
Antonie Augustin Parmentier

西班牙人将新占领的印加帝国视为 el dorado（镀金层）——此词汇真正的含义为财富之源。他们不仅将印加人的金银财宝运往西班牙，还迫使当地居民在恶劣的条件下工作，开采当地的贵金属矿脉，数千名印第安人因不堪虐待而死。但这样还不够，对金钱贪得无厌的西班牙人进入乡间，以低廉的价格向生产者大量购买“丘诺”，然后以超高价格将此生活必需的粮食卖给矿工，尤其是位处高海拔的波托西省（Potosí），那里的居民没有其他的食物来源。一段时间后，这些商人带着大笔财富回到西班牙，正如编年史家齐耶萨·迪里昂在 1533 年发表的著作《秘鲁编年史》（*Crónica del Perü*）中所说，没有一个用这种方式致富的西班牙人回到老家后会说他们的财富从何而来，也不会提这种新块茎食物有多么营养、在栽种方面又有多么成功。因此，在欧洲便奠定了偏见的基础：土苹果最初是奴仆的食物。

1557 年，杰罗姆 · 贾当也描述了秘鲁人的饮食习惯："帕帕斯是一种块茎，他们把它当作面包食用。感谢大自然的恩赐，它生长在土里，经脱水干燥后即名为'丘诺'，有些人仅凭将'丘诺'带入波托西省贩卖即可致富。"耶稣会士荷西 · 迪亚科斯达（José de Acosta）是印第安人的代言人，他在 1590 年出版的《西印度群岛自然与人文历史》（*Historia natural y moral de las Indias*）一书中指出，土苹果在秘鲁东南方的库斯科（Cuzco）一带是主食，他也提到在波托西一带用"丘诺"交换矿产的交易频繁。1693 年，将毕生丰富的收藏品全数捐出、为大英博物馆（Britisch Museum）的成立奠定基础的英国科学家及内科医生汉斯 · 斯隆（Hans Sloane）在伦敦皇家学会（Royal Society）写道，秘鲁矿山（西班牙人控制）中强制劳役者所受到的待遇，在该洲的其他地区依然持续上演。

西班牙征服者虽然接受土苹果作为受尽压榨的美洲当地居民的主食，但逾百年后，在以手工制造业致富的西欧国家中，这珍贵的块茎还是无足轻重的食物。当然还是有眼光远大的少数人，看出土苹果在国民经济上的意义，并将之视为国内饥荒蔓延时期的良方解药。还有些手工制造业者认为，土苹果是可以从根本上降低劳动力成本的低廉食物。

当时在西班牙流传一种说法：南美洲居民用土苹果取代面包作为主食，那么这种块茎必然十分粗劣，（根据当时的观点）才会为（欧洲人眼中）比他们差的人种所享用。然而，此观点并非由了解西班牙国情的老编年史家所提出。

值得注意的是，在哥伦布踏入海地仅仅 12 个月后，番薯就已进入西班牙。自 1493 年后，番薯就成为海地和西部船只的重要粮食之一，他们找到进入巴塞罗那、帕洛斯（Palos）和巴约纳（Bayona）的入口，当时对于不同品种番薯的认识多于对土苹果的认识。番薯的发现地是巴拿马的达瑞安省（Darién）并在约 1508 年出口到伊斯帕尼奥拉岛（ Insel Hispaniola，今天的海地和多米尼加共和国），可以确定的是，在 1516 年以前，番薯在西班牙已为人所熟知。

西班牙人乐于接受番薯有其社会政治成因：番薯来自翠绿的、天堂般的加勒比海岛屿，并非来自贫瘠的山区。在欧洲，番薯只在西班牙蓬勃生长，价格随之水涨船高，因此它是极热门的珍馐。当时的航海家及奴隶贩子约翰·霍金斯爵士（Sir John Hawkins）称番薯为“在可食用的根茎类中是最美味者”。英国国王亨利八世（König Heinrich VIII.）将之视为春药。此外，西班牙人为了推动番薯的贩卖，极力渲染土苹果“只有穷光蛋会吃”的偏见，而其他国家也附和此说法。今天有些负面的词语仍影射此偏见，例如说整日懒卧在沙发上看电视的人为“couch potato”（沙发马铃薯）；说一个人很懒散则说其

“Kartoffelblut”（身上流有马铃薯的血）；当人们没有保持优雅的体态时，则说其走起路来像个“Erdäpfelsack”（土苹果麻袋）。相对于直指土苹果是奴隶的食物或一脸吃惊地质疑穷人和富人是否可以吃同样的食物来说，这些影射同样具有歧视意味。

在土苹果被发现约35年后，它才传到西班牙。一般人对于它传入欧洲的路线知之甚少，对此当时的报道文献多半审慎以待，因为记录者对其名称的容忍度极高，他们未必清楚笔下所指是马铃薯还是番薯。英国外科医生及植物学家约翰·杰拉德（John Gerard）在其著作《草本植物》（*Herball*）中指出，土苹果由弗吉尼亚州传到英国，此说法长期误导后续研究，因为弗吉尼亚的印第安人吃的块茎名为openauk，它其实是番薯，和马铃薯完全不一样。16—17世纪时，土苹果在此地区是完全默默无闻的。

19世纪末，当人们以批判的角度质疑这位植物学家的古老报道时，大家才了解到欧洲的土苹果是由秘鲁引进的，但没有人能明确指出从秘鲁的哪里、哪一年，又是以何种方式引进。尽管如此，人们对此观点也感到满意，并认为它是唯一合乎逻辑的说法。

这种对土苹果由来研究结果的自我满足，在第一次世界大战结束至第二次世界大战爆发前的1925—1933年间，突然开始动摇。一个由俄罗斯植物学、遗传学家尼古拉·瓦维洛夫

(Nikolai Vavilov) 带领的俄罗斯研究小组，在探究南美洲野生和人工种植的土苹果时，研究主题之一是植物的染色体，其结果显示来自安第斯山区的土苹果和欧洲的相似处较少，而和来自智利的相似处较多。如此一来，所有关于弗朗西斯·德瑞克爵士、沃尔特·雷利爵士的故事，以及其他许多土苹果引进欧洲的说法，都成为虚幻的空想。

如果此说法正确，那么接下来重要的问题是：这种特殊的土苹果品种是如何传到智利的？根据推测，这种土苹果是印加人早几百年前由移民带进当地的，当地地理上的封闭状态及栽种时精挑细选，使得该品种的土苹果脱颖而出。然而，当时欧洲的土苹果看起来和安第斯山区的并不一样。16 世纪时，交通技术还不发达，要从智利将此块茎直接运往欧洲显然是不可能的，而且不论是从安第斯山区引进欧洲或是从智利引进土苹果，其基因在新环境中都会有所改变。

那么土苹果是何时来到欧洲大陆的？虽然目前没有明确的说法，但是几乎可以确定的是，这种新植物是经由西班牙进入欧洲的，因为西班牙是唯一和南美洲西部地区有直接接触的国家。西班牙境内首度提及土苹果是在 1565 年，在加那利群岛（Kanaren）中最大的特内里费岛（Teneriffa）发现了一位公证人的记载，这份记载证明了当地将收获的土苹果装了一整船，这船货物是由安特卫普（Antwerpen，比利时）港口下的订单，将新出产的块茎运往鲁特（Rouen，法国）证明了土苹果已在加那利群岛种植了一段时间，至于它是刻意被引进加那利群岛，还是因水手吃土苹果可以预防坏血病而偶然地由船只带进来的，则无从证明。其实土苹果被带进欧洲大陆，很可能是偶发事件，因为在殖民母国和新殖民地之间船只往来频繁。1587 年，英国环球航海家及探险家托马斯·卡文迪许（Thomas Cavendish）指出土苹果已成为西班牙水手的主食。此外，西班牙当局在殖民地还强迫当地人以上缴土苹果的方式缴税。

在塞维利亚（Sevilla）专门救治村民与水手的血医院（Hospital de la Sangre）编年史中记载，1573 年，土苹果已被用作病人的食物，然而此作物的栽种应具有地域性特点。自 1576 年起，土苹果的订单持续增加，事实上，这类交易大多在冬天进行（尤以 12 月和 1 月为最，11 月和 2 月次之），显示出此种作物源自安第斯山区，特点为成熟较晚，尚未完全适应新环境。

又名夏尔·德莱克吕兹（Charles de l'Écluse）的植物学家卡罗卢斯·克卢修斯（Carolus Clusius），在 1564 年左右为了记录罕见植物而访问西班牙，在其报告中，他也证实了土苹果栽种的确有地域性特点。在他 1576 年出版的著作中，并未提到土苹果，但一般认为，此新兴作物于 1569 年或 1570 年传入西班牙。西班牙人将此作物的引进归功于探险家冈萨格·希梅内斯·德·克萨达（Gonzalo Jiménez de Quesada），如前所述，土苹果抵达欧洲的情况错综复杂，因此此说法仍值得质疑。无论如何，1580 年左右，土苹果在欧洲几乎是众所周知，但在一般人的认知中，它不是食物，而是植物学家庭院内的珍品。

对西班牙人来说，土苹果相对难以栽种，或许是因为国内存在着一成不变、贵族式的经济体制，在此制度中以单一种植（葡萄、橄榄、谷物）、畜牧业和羊毛经济为优势。还有西班牙的气候也不利于土苹果的生长，因此只能在特定地区如加利西亚（Galicien）、阿斯图里亚斯（Asturien）、古卡斯提亚（Altkastilien）、巴塞罗那附近和内华达山脉（Sierra Nevada）的南面山坡种植土苹果。1567 年，琼·德·拉·莫尼亚（Juan de la Molina）给他在安特卫普的哥哥寄了土苹果，然而此时，精通植物学的意大利医生马蒂欧陆斯（Matthiolus）却没提到西班牙的土苹果。直到 1601 年左右，西班牙境内存在土苹果才再度被记录下来。因此有些研究者提出，西班牙人对土苹果烹调简易一事设立检查机制，并将之视为某种国家机密，就是为了在战争发生之时，可以将土苹果作为营养补给上的秘密武器。

1450—1500 年间，葡萄牙制定了影响深远的农业措施，广泛扩大可开垦的地区并打击个别贵族的利益，然而此时，玉米是压倒性的优势农作物。因为土苹果长出地面的部分含有毒性，在健康上并非无虞，因此只有在 18 世纪的极度困难时期，葡萄牙人才种植土苹果。

进入欧洲后，土苹果在学界仍有其特殊性，然而在它有些知名度后，即在不同的药草及园艺书中先后被提及，人们试图以科学方式对它加以描述。植物学家塔贝纳蒙塔努斯

（Tabernaemontanus）在其著作《本草典》（*Kräuterbuch*，1588年）中首先提到了土苹果。1596年，约翰·杰拉德随之在《本草目录》（*Catalogue*）中也提到了土苹果，而在其1597年出版的《草本植物》第一版中，误将弗吉尼亚当作土苹果的故乡，并用一整章的篇幅介绍它。1600年，法国农业专家奥利维·德·赛尔（Olivier de Serres）记录下此块茎，他在朗格多克（Languedoc）的自家庄园种植马铃薯并发表他的经验："此植物名为cartou，所结之果实同名，形似松露，故有些人亦如此称之。它在不久前从瑞士传入多菲内（Dauphiné）。此植物为一年生，因此每年都得重新栽种。"

下一位提及土苹果的知名人士是克卢修斯，他出生于法国阿拉斯（Arras），在蒙彼利埃（Montpellier）念植物学系，在其《历史》（*Historia*，1601年）一书中，这位行万里路的学者笔下的土苹果是："这种新兴植物近年来在欧洲才广为人知，它的根部是可食用的，我认为古代（欧洲）人并不知道它的功用……第一位对我提起它的是菲立普·德·希弗瑞（Philippe de Sivry）……他在1588年初寄了两株此块茎的果实给我，他写道，这是他从一位在比利时担任罗马教皇特使的友人处得到的，物品名为'tartouffli'……意大利人不知道它最初是从哪里来的，但可以确定的是，它既非来自西班牙，也不是来自美国。"对方也收到克卢修斯的收件确认单："给菲立普·德·希弗瑞的Taratoufli，于1588年1月26日在维也纳收到Papas Peruänum，皮德罗·齐耶萨。”据我们今天所知，希弗瑞所提到的土苹果来自西班牙，一年后希弗瑞又寄给克卢修斯另一份礼物——一幅上了颜色的土苹果植株图。荷兰的土苹果据推测是通过比利时传入，很可能是由英国传教士引进，也可能是在西班牙宗教审判前，居住在比利时北部的佛拉芒人（Flamen）逃亡荷兰时，将土苹果引进荷兰。

虽然克卢修斯和瑞士植物学家兼解剖学家贾斯柏·鲍欣（Gaspard Bauhin）对土苹果的起源有所了解，但他们还是试图在古代作家的著作中寻找佐证，结果当然徒劳无功。而16世纪末到17世纪初，中世纪的思潮研究还是避不开有植物学之父美誉的古希腊哲学家泰奥弗拉斯托斯（Theophrastus，公元前371至公元前287年）及古希腊医生迪奥斯科里斯（Dioscorides，约公元20—90年）的著作。

然而，更重要的是贾斯柏·鲍欣提供的有关土苹果的史料：“彼图斯·西耶萨（Petrus Cieza）在其编年史及郭马拉（Gomara）在其《印第安通史》中写道，它们（此块茎）在基多附近被称为帕帕斯，宾佐尼（Benzoni）称此植物为帕帕（papa），而约瑟夫·阿蔻斯塔（Joseph Acosta）在印第安史中称之为帕帕斯，因此此植物被称为papa Indorum或Hispaniorum，意大利人则称其为tartoffoli，德国人称其为Grübblingsbaum，意思是松露之树。”

瑞士人贾斯柏·鲍欣于1596年出版的《植物图谱》

（*Phytopinax*）一书中，首度将土苹果称为 Solanum tuberosum，至今依然沿用此植物学名称。通过鲍欣的努力，土苹果约在 1600 年传入法国。1613 年，英国人将此块茎带到百慕大群岛（Bermuda），由此它又被带往弗吉尼亚，约在 1625 年，它传入爱尔兰，并于 18 世纪中期抵达苏格兰、挪威、瑞典及丹麦。到 19 世纪末，几乎所有东欧国家都已种植土苹果。

1602 年，在约翰·柯勒（Johann Coler）的《本草典》（*Kräuterbuch*）中，再度用德文记录了关于土苹果的简短信息。贾斯柏·鲍欣的哥哥尚·鲍欣（Jean Bauhin）撰写了一本全面性的植物学著作，书名为《植物界的历史》（*Die Geschichte der Pflanzen*），但却在 1651 年才出版。书中他指出土苹果花朵微弯，这也是今天土苹果植株独有的特点，这意味着当时在欧洲已开始散播较好的植株即较好的土苹果品种。在植物学方面的长篇大论及对此植株的描述后，鲍欣将焦点转移到它的起源："本（Bengo）指出，秘鲁人有一种块茎植物，他们称之为 pape——一种味道很淡的松露。托马斯·海瑞图斯（Thomas Heinreiotus，又名哈里斯 Harris）表示，在弗吉尼亚当地，openauk[1] 长得圆圆的，像（串在一条线上的）扣子般挂在一起，经过水煮后即可享用。而彼得·西耶萨（Peter Cieza）则说这

[1] 编注：openauk，弗尼吉亚的印第安人对土苹果的称呼，其实此作物为番薯，而非马铃薯。

种被称为帕帕斯的块茎，经水煮后果肉会如水煮栗子般绵密，若将它在阳光下晒干，则称之为‘丘诺’。”

到17世纪末时，在相关文献中，土苹果越来越常被提起，但并不是在食谱及家政用书中。真正提及土苹果的作家及著作有沃尔夫·黑尔门哈德（Wolf Helmhard）的《贵族的农村及田野生活》（*Adeliges Land-und Feldleben*，1682年）、尤亚莘·贝夏（Joachim Becher）的《疯狂世界与明智的荒唐》（*Närrische Welt und weise Narrheit*，1688年），还有《供给充分的庭院植物》（*Wohlbestellter Gartenbau*）及德国医生兼博物学家约翰·乔治·伏尔卡玛（Johann Georg Volckamer）的《诺里贝格里斯植物志》（*Flora Norimbergeris*）。

威廉·萨尔蒙（William Salmon，1644年生）于1710年发表他的著作《草药典》（*Herbal*），书中他因采纳杰拉德之说而错误百出，除此之外，他还区分出三种不同的土苹果：西班牙的土苹果或battata（番薯）；弗吉尼亚的土苹果或番薯（pappas vel battata Virginiana）；英国或爱尔兰的土苹果（battata Anglicana oder Hiberniana）。他的谬误或描述并没有特别之处，比较有趣的是他对土苹果调味上的建议。他认为弗吉尼亚的土苹果基本上是没有味道的，但“经水煮、煎炸或烘烤，并佐以奶油、盐、醋或糖”食用，就会变成美味的一餐。

大约在1760年，萨尔蒙的德国同僚前往下劳西茨区（Niederlausitz）和德国捷克边境的厄尔士山脉（Erzgebirge）勘查："在某些土地沙质、贫瘠歉收的地区……尤其在荒年，会出现大量的谷物需求，于是人们便会尝试是否可以在该地种植土苹果，在美洲的情况也是如此，只有这样，人们才能用土苹果取代面包抵抗饥荒……它们起初由西班牙传入爱尔兰，那里的北部居民食用后多半变得身强体健且轻松自在。除了牛奶之外，他们几乎没有其他食物……他们用土苹果取代面包，它的质地没那么松散，可以在水或牛奶，最好是富含油脂的高汤中煮熟……人们几乎无法将它们连根铲除……在西班牙、爱尔兰、英格兰和荷兰有成千上万的人依赖这所谓的'松露'过活，我们对它很熟悉，而且在我们的庭院中也开始收获土苹果，因此是否应该鼓励模仿这种栽种文化，推广土苹果给需要的人当作主食，值得思考。"

这些对土苹果的认识尚未普及，一直都有专业人士主张食用土苹果对健康有害，这并非全无道理，因为常常有人将土苹果的种子和叶子烹制成菜肴，而茄属植物的这些部位确实含有毒性。当时，欧洲人认识龙葵、颠茄、曼陀罗草和美洲南蛇藤，这些植物的毒性是众所周知的，但是这些植物也用在医学领域。当同为茄属植物的土苹果来到欧洲，人们会抱有相当高的疑虑或直接被公开拒绝，也就不足为怪了。另外，还有来自教会的论证指出，这种植物是异教徒的主食，对基督徒并不适合。生长在地下的植物被视为魔鬼的产物，于是土苹果也被称为会剥夺耕地肥沃度与能量的"魔鬼苹果"。

除此之外，土苹果的营养价值和是否对人体有益依然备受质疑。一般认为它对重度劳动工作者来说，营养是不够的。医学上对于土苹果汁的益处与害处虽然尚未定论，但是一般认为土苹果还是有害的。当时的科学家认为谷物和豆类植物远胜于土苹果：

“在植物类的食物中，土松露（译按：指土苹果）必须被列在极低的地位，正如古代过于高估松露在植物类食材中的地位，今天我们对土松露也有同样的看法。因为它们常常出现在平民百姓的餐桌上，即使在中上阶层人家的餐桌上，它们的地位也不高……人们准备不同分量的土松露来作为仆役的餐食。而和其他的面食或豆类相比，一餐光吃土松露能撑多久？有关土苹果更进一步的问题是，人们应该将之视为好食物还是坏食物？众所周知的是，人们将煮过土苹果的水喂猪，没多久猪就开始厌食。头几日它们或许会食用土苹果和煮过土苹果的水，之后便完全不动这样的饲料。显然这水必须倒掉。由此观之，土苹果的水对胃不好，它会使饥渴的动物感觉恶心。”

安妮女王的家用账簿导论（*Einleitung zum Haushaltungsbuch von Queen Anne*，1613 年）中提到马铃薯之处，出自于瑞德克里弗·萨拉曼（Redcliffe N. Salaman）的《马铃薯的历史及社会影响》（*The History and social Influence of the Potato*）一书。

烤马铃薯黑麦面包（1846年）

马铃薯去皮刨丝，中午时淋上冷水，静置至晚上使之去除酸性。当水变成棕色时便倒掉，再将马铃薯内含水分挤出并洗涤。然后加入沸腾的水搅拌成稀薄的糊状，待之降至微温，将老面[1]溶入此流质的马铃薯糊或汤中，再加入黑麦面粉至面团应有的软硬度，放置一晚使之发酵，隔天早上彻底揉匀面团。以此方法可以做出上好的面包，几乎吃不出马铃薯的味道。况且节俭是非常重要的，因为可以用一舍非尔[2]的马铃薯来取代半舍非尔的谷物，而谷物的价格又非常高昂，算下来是非常可观的。

爱尔兰早餐

奶油两汤匙，洋葱一颗切丁，大土苹果六个去皮切丁，准备油脂（植物或动物油）、盐、胡椒。洋葱在奶油中爆香至软，油脂加热将土苹果丁煎成金黄色后将油沥出，再拌入洋葱，加入盐和胡椒即可。

马铃薯汤（苏格兰，约1850年）

洋葱一个（或青蒜一根）切丁，西洋芹三根切丁，土

---

[1] 编注：老面，发面的面种子，由于含有很多酵母菌可作为下次发面的菌种用。

[2] Schäffel，亦做Scheffel，是古代谷物度量单位，等于30—300升，亦为面积单位，一舍非尔谷粒的播种面积为1300—1700平方米。

苹果三个切丁，准备牛奶一百二十五毫升，奶油五十克，盐、胡椒、高汤、新鲜欧芹（葱或莳萝亦可）、月桂叶。洋葱在奶油中爆香至软，加入其余的蔬菜后盖上锅盖炖十分钟后注入高汤并调味，再加入月桂叶，煮软后将之取出，然后加入奶油及牛奶并加热（但别煮开），最后盛入汤盘中并撒上香料即可。

土苹果丸子（德国，1784 年）

这食谱需两人通力合作。先将土苹果煮至沸腾，一人随即将之去皮，另一人趁热将之捣碎，捣碎时照例加入炸过的面包丁，连同在油中爆过香的洋葱丁一起搅拌，并将之揉成圆球状，然后在放入足量油脂的平底锅中油炸，此丸子美味可口。

土苹果泥或甜煎饼（德国巴伐利亚州，1784 年）

将约两麦斯[1]的生土苹果去皮，切成片状，一起放入水中，然后取约一索彭[2]的朗姆酒及半麦斯的牛奶，混合煮沸后再加入土苹果，待慢火煮成浓稠的糊状后，加入半麦斯的粗面粉，趁热搅拌均匀并静置半小时，然

[1] Mass，或 Maßkrug，容量单位，古时为 1.069 升，现为 1 升。

[2] Schoppen，酒类等的容量单位，古时约为 500 毫升，现为 250 毫升。

后再彻底搅拌，并加入少许细糖、肉桂及盐，之后加入八到十枚鸡蛋搅拌均匀。平底锅内加入四分之一磅的油，使之加热，再放入土苹果蛋糊，置入烤箱烤至半熟且表面形成硬皮后，将之切块并翻面续烤直至表皮坚硬香酥即可。

马铃薯酱（维也纳，1787 年）

将马铃薯水煮并擦干，再将之连同若干柠檬皮放入牛肉汤中，加入些许肉豆蔻叶一起煮，最后将此酱汁加入一些蛋黄即可。

土苹果面团（奥地利，1823 年）

取一块动物肥肉放入单柄汤锅内，细煸出油，再将土苹果煮熟，去皮刨丝后放入热油中过油，然后将油沥干。取四枚鸡蛋打匀后调制成面团，油炸后将油沥干。

土苹果（维也纳，1799 年）

土苹果洗净，在盐水中煮沸后彻底去皮并切片。再取奶油一块放入汤锅中，加入切好的洋葱爆香，再加入土苹果，用盐和胡椒调味后煎到金黄色。洒入少许面粉后搅拌均匀，再加入上好牛肉高汤煮熟即可。

或者：土苹果洗净，在盐水中煮沸后去皮，然后放入碗中端上餐桌，另取酱料碟一只，加入现融的热奶油或芥末即可。

土苹果加牛奶（匈牙利布达佩斯，1835年）

取土苹果十至十二个煮熟去皮，切成厚片。此时将五百毫升牛奶煮沸，再加入土苹果，以小火继续熬煮至牛奶变稠，但不可大火烧开。上面放些许块状奶油，并淋上一小杯鲜奶油，快速烘烤使之变成金黄色。先在碗边抹上一层蛋霜，再将之盛入碗中端上餐桌即可，此牛奶土苹果不是汤品，但也不可过干。

马铃薯泥锅（法国，约1900年）

去皮切丁的马铃薯五百克、蒜苗五百克切丝，水、盐适量，鲜奶油六汤匙，欧芹或青葱剁细末，蔬菜中加入水、盐，煮软后压成泥，用鲜奶油或奶油提升其美味，再撒上香辛料即可。

从诸侯的餐桌到平民美食

Von der Fürstentafel zur Massenspeise

一个小的和一个大的马铃薯就是穷人的一餐。

——爱尔兰谚语

在土苹果进入欧洲约200年后，它仍然无法在经济作物中占有一席之地。它的角色除了是观赏用的奇珍异草外，偶尔会伪装成稀奇昂贵的珍馐在诸侯的餐桌上出现。编年史家在记载中特别强调，西班牙哈布斯堡王朝的国王腓力二世（König Philipp II）收到一箱非常硕大肥美的土苹果。根据推测，他应该也收到此块茎的食用方法，因为他将之视为补品，还寄了一些给圣庇护五世[1]（Papst Pius V.），圣庇护五世倍感欣喜。因为早期的土苹果灌木在欧洲确实生长茂盛，所以瑞典医学教

[1] 编注：意大利籍教皇，1566—1572年在位，以对异端分子严酷著称。

授奥洛夫·鲁德贝克（Olaf Rudbeck）在其《植物属志目录》（*Catalogus plantarum*）中提到，此植物适于在餐桌上食用正如其适于在苗圃中观赏一样。为了让土苹果在法国更广为人知，国王路易十六接受安东尼·帕蒙提耶（Antoine Parmentier）所赠的土苹果花束，他的夫人玛丽·安托瓦内特（Marie Antoinette）也在头发上别上红、白、紫及蓝色的土苹果花朵。

1577 年，英国神职人员威廉·哈里逊（William Harrison）写道，在伦敦许多庆典的餐桌上，都可以发现此块茎的踪迹，三年后，土苹果烧酒首次被提起。1588 年，在神圣罗马帝国皇帝鲁道夫二世（Kaiser Rudolf II.）的观赏花园中，可以看到土苹果的存在。几年后，土苹果以 22 先令 6 便士的价格出现在安妮女王（Queen Anne）的宴席上。黑森－卡塞尔公国（Hessen-Kassel）的侯爵威廉四世（Queen Anne）也尝过这不寻常的果实，并证实它“味道优雅”。此外，他也在写给家族成员的书信中提到，第一批样品是中间商直接从意大利寄来的。1591 年，土苹果被端上德勒斯登宫廷的餐桌，在巴姆贝格（Bamberg）同样得到赞美。在纽伦堡，它则被种植在药用植物园中。1616 年，土苹果开始装点法国国王的餐桌。

17 世纪初，前文所提到的黑森－卡塞尔公国的侯爵威廉四世寄了一袋马铃薯给选帝侯[1] 克里斯蒂安·冯·萨克

---

[1] 编注：选帝侯，德国历史上的一种特殊现象，指拥有选举“罗马人的皇帝”权利的诸侯，此制度削弱了皇权，加深了德意志的政治分裂。

森（Christian von Sachsen），还附上一封重要的推荐信：此新兴块茎是促进“夫妻活动”的绝佳良方。信中威廉也提供了烹调指南：“我寄给亲爱的阁下一份别出心裁的礼物，其名为Taratouphli，那是数年前我从意大利获得的。它生长在土中，有美丽的花且气味芬芳，在根部有许多块茎。经烹煮后，滋味极为优雅，但得先将之在水中煮沸，如此其外层的皮才会剥落。然后将水沥干，并将之在奶油中完全煮熟。”

威廉四世对植物学特别感兴趣，经过他的人脉推广和交换植物的活动，马铃薯在欧洲开枝散叶。他会和许多人交换植物，比如他的弟媳即黑森邦的侯爵路德威希（Ludwig，1566年）的妻子、布朗什威格－吕纳堡（Braunschweig-Lüneburg，1588年）公爵之妻、弟弟路德威希、马格德堡（Magdeburg，1588年）的大主教、默姆佩尔加德（Mömpelgard，1582年或1583年）伯爵、洛伊希滕贝格（Leuchtenberg，1590年）的侯爵及诺伊亚（Neuaar，1569年）的伯爵。

因深谙其兄威廉四世对植物的热爱，黑森－达姆施塔特（Hessen-Darmstadt）的侯爵乔治（Georg）于1591年2月就开始期待这种“奇特的坚果，名为土豆”的植物能出现在他的庭院。威廉四世对弟弟的期待回复如下：“对于您所提到的土豆，在我的庭院中未能找到同样的植株，然而夏季在古登斯贝尔格附近的田野中有种类似的，它们处处可见且容易取得。我将寄给亲爱的阁下此名为Taratopholi的植株，它会开出细致的红花且风姿绰约。”由此可见当时的人对其名称有多么不确定。

当人们了解到土苹果产量非常高且价格变得低廉时，贵族便与之疏离，于是土苹果被视为牲畜的饲料，连农民都拒绝食用，他们更偏好以面包和其他谷物制品作为主食。在对土苹果的接受度上，阶级矛盾持续存在，并未如原先预期的那样普及化。土苹果原为诸侯和贵族的餐点，本应唤起乐于模仿贵族的富人阶层的好奇，但却直接沦为穷人的食物及危急时期的粮食。它花了很长的时间，才从饥民的碗中，缓慢转移到市民及富有农民的餐桌上。

身为茄属植物而备受质疑，土苹果被女巫拿来作为动物饲料及药酒，于是它被预设为“邪恶”的。最后，人们将所有坏事都归诸土苹果，说它会引发战争，使人耽溺于口欲，并且会带来结核病、佝偻病、梅毒和肥胖。此外，欧洲贫穷的农民认为土苹果是威胁性极高的植物，因为所有“正常的”植物都是通过种子繁殖，而不是畸形的块茎。对于根茎类蔬菜，人们总是带着高度怀疑，认为土苹果是魔鬼的杰作。虽然，少数行家认为土苹果有相当丰富的正面特质，但他们的观点还是湮没在那些强大的偏见之下。

在苏格兰地区，有些神职人员会在布道时严禁信徒栽种土苹果，因为圣经中没有提到土苹果，因此它绝不能作为人类尤其是基督徒的营养来源。土苹果初抵英国之际亦是困难重重，据说英语口语中的土苹果 spud 一词来自 Society for the

Prevention of an Unwholesome Diet（反不健康食物协会）的缩写。这个由英国积极分子组成的团体在19世纪联合起来，防止土苹果在大不列颠岛屿取得立足之地。

欧洲大陆反土苹果的声浪如此浩大，以致那些想要说服臣民不要排斥土苹果的君主，必须公开食用土苹果。在普鲁士，大选帝侯腓特烈·威廉（Friedrich Wilhelm）于1651年威胁他的臣民，如果他们拒绝栽种土苹果，就要被割掉鼻子和耳朵。1660年，他的夫人在柏林吃了土苹果，还大力推广其做法："在厨房，可以用各种方式烹调土苹果，先在水中煮到松软，待冷却后去除外皮，然后淋上葡萄酒，并加入奶油、盐、肉豆蔻花和所有香料重新煮过，即可食用；土苹果也可以和鸡、牛或小牛肉高汤一起煮并调味，佐牛肉或羊肉食用；也可以将土苹果沥去水分后，切成圆片在平底锅中煎炸或加入切好的洋葱和醋，彻底煎至熟透即可。"

在腓特烈大帝（Friedrich dem Großen）在位期间，人们对土苹果的抗拒尤其激烈。当他命令一辆满载土苹果的车辆进入饥荒地区时，当地居民不知要如何面对这等"赐福"，他们对国王的好意愤愤地说："这东西是干什么用的？既没味道也没口感，连狗都不吃。"但要说明的是，他们试图生食土苹果，无法入口便丢给狗，结果狗对这罕见的食物也弃如敝屣。但腓特烈大帝并不屈服，在他的推动下，颁布法律强迫农民将10%的耕地改种土苹果。

德国辞典及百科全书编纂者尤汉·格欧·克吕尼兹（Johann Georg Krünitz），则是后续为土苹果开路的先锋。他孜孜不倦地推荐并强调它的好处，但是他也预见倘若雇工餐餐要求吃土苹果，会危害到经济。他认为，因为要帮土苹果削皮会减少工作时间："马铃薯适合和所有肉类及鱼类搭配，这点优于其他熟食料理，因此一般雇工百吃不厌，于是他们希望每一天，甚至是每天的午餐和晚餐都能享用，宁可舍弃其他菜肴，也不能没有马铃薯，它们仿佛是贩夫走卒的吗哪[1]。但这么一来，雇工得在餐桌上把马铃薯去皮再佐以奶油面包食用，这样需花费较多的用餐时间，因此在早餐和午餐它无须出现在餐桌上，否则雇工会在餐桌上逗留太久，尤其在白昼较短的工作日，这会降低他们的工作效率。因为晚餐后宫廷中没有其他事需要完成，因此马铃薯只能在晚上被端上餐桌。雇工虽希望餐餐在汤及前菜之后，能以马铃薯佐肉类料理结束一餐，但人们无须照办，尤其在白昼短的日子，用餐时间延长整整一刻钟，可能会造成经济上的损失。"

18 世纪末到 19 世纪初时，有许多出版物试图让人们认识到土苹果的的确确是美味可口的。土苹果一旦在欧洲得到认可，它就会持续地改变社会结构：农民生产出更多的粮食，生产周期变短。除此之外，越来越少的土地可以养活越来越多的人口，

[1] Manna，《圣经》中记载，古以色列人出埃及时，获得上帝赐予的神奇食物。

此发展促进了欧洲的人口成长。乡村地区释放出很多人口进入手工制造业，后来这些人口也投入工厂成为劳动力。要说土苹果以这种方式使工业革命成为可能，并非言过其实。

仑福特伯爵（Graf Rumford）名为本杰明·汤普森（Benjamin Thompson），他是个美国人，但因对英国的忠诚而在独立战争时流亡海外，并于1784年前往慕尼黑解决饥民问题。因军队戍守园区需要通过伊萨尔草地（Isarwiese）的排水，本杰明·汤普森争取到可以耕种土苹果的土地，且因照护军队有功，在1791年受封为巴伐利亚的选帝侯。1795年他以仑福特伯爵（Graf Rumford）的身份，为选帝侯的士兵研发出一道营养丰富的汤。在拿破仑战争期间这道汤意义重大，它成为城市内日益贫困人口的养分。然而，仑福特汤最初受到人民的排斥，因为汤中有土苹果，伯爵被迫去掉土苹果并以面包及上层发酵的老啤酒取而代之，再暗地里渐渐加入土苹果。约1804年，此汤在普鲁士王国的西利西亚省（Preußisch-Schlesien）被用来对抗饥荒。《西西利亚省立月刊》（*Schlesischen Provinzialblätter*）报道了关于此穷人的菜肴在格林贝格镇（Grünberg）的成功："为帮助城内的贫民而引进例常配方的仑福特养生汤，我们城市为此善举深感喜悦，1803年12月27日制作的样品汤深受好评，证明它的质量有口皆碑。警察局局长赫普夫纳（Höpfner）亲手分送此汤，之后还找出一笔基金或通过善心人士自由捐助，可以每周两次提供不同配料，准备40份汤，并且对贫民分毫不取。多布许茨少校（Herr Major von Dobschütz）提供了丰厚的捐款，他是此类慈善机构第一位自愿行善的人士，他的善举多次受到表扬。他同样出资准备此汤，无偿分配给士兵之子及贫民。这些善心人士在当地行善的珍贵事例，促使许多国家的执政当局，在冬季引进慈善机构分送此汤品，通过丰厚的捐助来帮助穷人，尽其所能来帮助贫民脱离困境。通过帮助他人使幸福加倍，善良的人也一定会感到更加幸福。”

尽管之前曾存在偏见，19 世纪时“仑福特汤”也挤进了平民的食谱，只是大幅减少了水的比例，而是加入肉类或蔬菜高汤。汤中加入珍贵食材肯定会让仑福特伯爵大吃一惊，但却使此汤成为美食，搭配有饱腹感的黑面包就成为完美的一餐。

1804 年，官员约瑟夫·罗雷尔（Joseph Rohrer）写道，自玉米和土苹果引进哈布斯堡王朝后，许多人“仅靠其果实和玉米粉及土苹果粉”为食。1859 年，在布拉格的工程师费迪南德·阿尔特曼（Ferdinand Artmann）提出反对土苹果的盛行：“不，仿佛我是马铃薯的敌人，乐见它没落似的，不是的！我更希望的是，将来不论是我或其他人都能津津有味地享用它，但只有在佐以肉、奶及面包的情况下。我想把它们从那些只能把它当作唯一食物的穷人家中拖出来焚毁，并以更好的食物取而代之。”

然而，无论在奥匈帝国还是欧洲的其他地区，他的希望有好长一段时间都没能实现。1894 年时，手工业者的饮食状况，尤其在波希米亚地区，是相对简单且极度不稳定的。一位波希米亚的出版社员工在回答他每天享用哪些料理时，面带嘲讽地说："现在，早餐马铃薯、午餐土苹果、晚餐是洋芋。"

土苹果依然有着让人又爱又恨的名声，它除了带着穷人特有食物的"穷酸味"之外，还有吃来费事的烙印——必须先将此块茎洗净，而且大多数的烹调方式都要去除外皮。煮过的土苹果需快速加工，因为土苹果色拉不耐久放，油炸土苹果、煎土苹果面疙瘩（Erdäpfelschmarren）或马铃薯丝煎饼（Rösti）都是趁热食用最佳，只有土苹果汤及烩土苹果（eingebrannte Erdäpfel）可以在一两天后加热食用。很长一段时期内，欧洲的贵族及平民家中有足够的人力，可以将厨房以外的事务委托他人处理，而战争期间人力缺乏，许多女性必须替代男性投入工业生产，在此情况下，无法快速煮好的土苹果就不是理想的食物。现在这种现象也再度出现——许多职业妇女晚餐时多半取用外售熟食或半成品再加工，以节省烹调时间。

在两次世界大战（1914—1918 年；1939—1945 年）及问题重重的战间期间，土苹果在欧洲再度成为极为热门的维生食粮。说起"土苹果之战"就会想起"对土苹果窃贼宣战"一事，1917 年 10 月 30 日维也纳《劳工报》（*Arbeiter Zeitung*）报道："守卫路德威西·罗特鲍尔（Ludwig Rothbauer）昨日目睹阿尔特曼朵弗街（Altmannsdorferstraße）有两名男子，从庭院窃取了马铃薯和蔬菜。当守卫宣称要追捕两人时，他们用泥土丢向守卫的脸并试图逃离现场。守卫大喊不许动并重复警告，随之威胁将不惜开枪，尽管如此两名窃贼依然继续逃跑。于是守卫对两人开枪，射中一人的腹部，负伤男子仍继续逃跑，但还是被守卫追上并逮捕。该名窃贼是28岁的约瑟夫·柯瑞斯（Josef Koresch），而另一名窃贼保罗·赫罗马特卡（Paul Hromatka）也被逮捕。”

在欧洲大部分粮食供给不稳定的地区，土苹果供给减少的影响特别严重。除此之外，生产者与经销商都惜售土苹果，希望能借此提高售价，正如1916年3月3日《王冠画报》（*Illustrierte Kronenzeitung*）所报道：“1916年间会有两段严重的土苹果不足时期，即春季及晚秋。2月的维也纳笼罩在急需土苹果的气氛下，然而这绝非因土苹果产量不足，相反的，土苹果的产量是足够的，问题出在供给困难。马铃薯大盘商惜售手中商品，他们都在等待1916年3月1日开始实施的最高价格。在马铃薯欠缺之际，为了提供替代品，市长提供了30车的豆类及10车的包心菜和萝卜到市面上流通。”维也纳市长称1917年的土苹果市场是“令人担忧的”，但短缺的情况不如二战期间严重。

今天土苹果再度成为热门，尤其在餐饮业方面。维也纳的“乔纳森与西格林德”（Jonathan & Sieglinde）餐厅提供土苹果与苹果风味菜，在吕贝克（Lübeck）有家“马铃薯饭店”（Kartoffel-Hotel）。每个书报摊都会贩卖土苹果做成的快餐或小点心，这种扎实的块茎对全欧洲的连锁餐厅也是贡献卓著。

仑福特汤（一百人份，约 1800 年）

珍珠薏仁一磅，黄豆一磅，两磅老面包切块，酸黄瓜两磅，肥肉或烟熏肉四磅，土苹果五到六磅，酸啤酒、水八十升。所有食材切大块在水中煮软，再淋上啤酒发酵。

仑福特汤（平民版，约 1900 年）

去皮的脱水豌豆一百五十克，清肉汤或蔬菜清汤一点二五升，青椒一个切条状，薏仁四十克，土苹果一个去皮切丁，水煮火腿五十克切丝，洋葱一个切细丁，蒜瓣一枚压碎，肉汤专用香草一把切细末，猪油或奶油一汤匙，柠檬汁或醋一到两汤匙，盐、胡椒适量，欧芹剁细末。脱水豌豆在汤中煮沸后慢慢熬至变软，加入薏仁和青椒续煮十分钟后，再加入土苹果丁、洋葱和香草煮至软，再拌入蒜头及火腿，调味后盛至汤盘中，撒上欧芹并佐黑面包食用。

仑福特汤（1915 年）

在肉骨汤中加入腌熏肉、熏肥肉或猪肉一块，煮软后将之捞出。大麦、脱水豌豆和菜豆先在加了少许奶油的盐水中炖软，再加入煮沸的汤中。之后加入煎洋葱一个、煮软并切丁的土苹果、切成长条状的煮汤用蔬菜后大火煮沸。盛盘时每盘内放一块在汤中同煮的肉或熏肉，再淋上热汤即可。猪心、肥牛肉等皆可取代猪肉。此汤营养丰富，可用来作为午餐。

豌豆土苹果（1917 年）

豌豆一百二十五克和肥猪耳朵煮软，将猪耳朵取出并切成条状，再将豌豆过筛。之后将一千克去皮并煮好的土苹果过筛，淋上豌豆汤并加入豌豆泥，待煮成糊状后加入猪耳朵。盛盘时撒上煎至金黄色的洋葱丁即可。

阉羊肉土苹果（1938 年）

先将阉小羊肉煮熟，然后是去皮小马铃薯。将面粉用奶油煎成面糊，淋上阉羊肉汤后将之煮沸。将肉切成小块放入烤盘，加入土苹果并淋上过筛的酱汁，再将数枚蒜瓣磨成泥并撒上盐，加入墨角兰（Majoran，另译“马郁兰”）少许及剁细的欧芹后使之煮沸。若欲使之味道更浓郁，则加入少许在奶油中炸过且沥干油脂的鳀鱼。

在欧洲突围

Der Durchbruch in Europa

……一个危险的植物，几乎无害的地下嫩芽……

——约翰·拉斯金
John Ruskin

土苹果在欧洲的传播路线已无法确切追溯，据传在 1583 年有位来自西班牙南部塞维利亚（Sevilla）的神父将土苹果带往意大利北部的热那亚（Genua），在当地亦由西班牙籍的天主教加尔默罗会白衣修士栽种。1584 年，意大利植物学家卡斯托雷·杜兰特（Castore Durante）出版的《威尼斯的新兴植物》（*Herbarium Nuovo Venezia*）一书，在以松露之名的 tartufi，也就是 tartufoli 的条目下，可以发现此块茎。一年后，一位荷兰主教在意大利西北部皮埃蒙特（Piemont）的韦尔切利（Vercelli）修道院发现土苹果，它们可能已在当地的菜园种植了一段时日。约 1590 年（这时土苹果在意大利应已在相当程度上扩散开来），据推测是瑞士卫兵或其亲属将土苹果带到瑞士。大约也是在同一年，瑞士的土苹果再经由西班牙卡塔赫纳（Cartagena）来到英国，此新兴块茎就这样慢慢在整个欧洲散播开来。根据推测，虽然约翰·杰拉德可能是英国种植土苹果的第一人，但土苹果从好几年前在当地就已享有相当高的知名度，因此在莎士比亚的故乡埃文河畔斯特拉福德镇上（Stratford-upon-Avon）的剧场演出的宴会中，用生蚝和土苹果款待宾客。数年后，在莎翁的《温莎的风流寡妇》（*Lustigen Weibern von Windsor*）剧中，演员互丢土苹果（或番薯）。还有莎翁剧中的喜剧人物法斯塔夫（Falstaff）在想象与两名女子共享云雨时，许下“让天降下土苹果吧”的愿望，而此处所指的土苹果，应是在当时观念中有激发性欲功能的番薯。

1598 年，第一批瓦勒度派信徒（Waldenser）遭到追捕，当受害者逃到法国东部的弗朗什 – 康地省（Franche-Comté）及东北部的佛日山脉山谷（Vogesentäler）时，他们随身带着土苹果，在一小片土地上耕种便可养活自己。然而，到了 16 世纪，人们对土苹果主要的看法，还是集中于其在植物学和医学上的意义。

尽管在 16 世纪末和 17 世纪初期，意大利帕尔马（Parma）公爵看出土苹果的重大价值，并在托斯卡纳（Toskana）为穷人栽种，但直到 17 世纪，此块茎还是无法得到大众认可（前文所提及人们对土苹果的偏见之影响并非无足轻重）。尽管如此，土苹果还是在意大利传播开来。克卢修斯为土苹果在意大利的快速蔓延感到惊奇，然而此植株在德国依然饱受质疑，他几乎无法理解。在本书一开始所引用的马克思·伦波尔德于1581年所撰写的土苹果食谱，同样是发生在土苹果还没有传入德国的年代。原籍匈牙利的伦波尔德是很有野心的厨师，他为了让厨艺更为精进而周游全欧，据推测他是在意大利认识土苹果的。

德国与奥地利

德意志境内首度耕种土苹果，经证实是在1647年的皮尔葛朗斯罗特（Pilgramsreuth）一带。三十年战争期间（1618—1648年），一名定居当地的农夫从荷兰士兵那里得到土苹果并开始栽种，此后土苹果在此区域的收成日益增加，甚至可以输出到普鲁士。

至18世纪末，土苹果一词（相较于“马铃薯”来说，土苹果在今天的奥地利还是通用说法，且在它被“马铃薯”所取代之前，在德国的许多地方仍是惯用语汇）仍未普遍使用。1777年，启蒙运动者奥古斯特·威廉·胡沛（August Wilhelm Hupel）写道：“土松露、马铃薯……固然出现在我们德意志的庭院，它们也会给农民带来很高的收益，但农民却不重视它们，也不愿为此付出心力。”

19世纪初，土苹果在德国已被视为“容易让人饱腹的食物”，特别是在农村地区，它的地盘日益壮大：“母亲准备一篮子烤马铃薯放到父亲身旁，父亲双手合十祈祷‘众人引颈期盼着你’……他给每个孩子三个、每个成人五个马铃薯。他们吃马铃薯不去皮，用手指擦掉土苹果上的沙灰。”如今不论水煮还是烤土苹果，都渐渐成为所谓珍贵料理的配菜。

在1588年克卢修斯的植物实验后，土苹果再次出现在奥地利是在1620年的赛滕施泰滕修道院。该院院长卡斯珀·普劳兹（Kaspar Plautz）从一位荷兰裔奥地利籍的植物学家手中得到土苹果块茎，并将之种在修道院的园圃中。收成应是相当可观，因为可以找到大量的土苹果食用须知等资料。修道院编年史中也有提及，即使在17世纪，“土苹果”一词还是会有典型的语言上的分歧：“……最后那印第安人称之为Opanavuck、西班牙人称为帕帕斯、印度人称之为Bacaras的植物，果实甜如杏仁，色白而坚实。在我们修道院的园圃中已有很多这种植物，那是修道院院长通过一名比利时的园丁从安特卫普取得的。它是一种高约两码[1]并向上生长、绽放白红色花朵的植物，之后会长成充满小芽眼的果实，成熟时会带酸味。它的根部则在土壤中扩散蔓延，长出许多分枝，根部会长出许多块茎，形状似大颗栗子。”

但后来的结果证明，这段在赛滕施泰滕的土苹果文字记载，

[1] 码（Elle），古代长度单位。最初指前臂的长度，后来则指食指到肩膀的距离，其数值大小因地而异。在萨克森与普鲁士一码等于57—69厘米，在奥地利一码等于78厘米。

只是一小段插曲，土苹果还是留在花园中，没能推广开来。即使心思缜密的玛丽娅·特蕾莎女王（Kaiserin Maria Theresia）对于是否应该推动土苹果的耕作都无法下决定。而她普鲁士的敌人（译按：指腓特烈二世）自1740年开始，就着手推动土苹果的栽种。奥地利的女王在18世纪60年代依然摇摆不定。1770年的委任状，内容包括谷物的种植绝不可因为栽种土苹果而紧缩。许多地区的雇工断然拒绝食用土苹果，甚至不惜为此辞去工作。面对一直贬抑土苹果并持续推动谷物栽种的人们，只能靠时间慢慢来改变。当时有位威斯特法伦的学者记录下土苹果的营养价值："萨尔兰（Sauerland）地区的农民每天吃三次土苹果，可以完成重劳力的粗活，他们身体强健、气色很好，在十六七岁就有勇气娶牧牛女为妻者并不在少数。"然而正是这种假定土苹果有助于人口增长的论断，使19世纪的经济学家对土苹果心生厌恶，他们觉得这正证实了18世纪的忧虑——人口爆炸会导致绝对的混乱。

在开明的气氛下，维也纳环绕着约瑟夫·冯·索纳菲尔斯（Joseph von Sonnenfels）的学者中，找到了一些支持土苹果的声音，只可惜其真实姓名已不可考。其中一人在1759年写道："这种营养丰富的地底植物不需要漫长的等待，也不需太多照料，国内的臣民可以广泛利用它，例如用土苹果取代谷物作为牛、猪及家禽的饲料，这样可以节省大量粮食，在经常栽种土苹果的乡村有许多贫困人口，他们可以借此解决生计问题。因为土苹果可以在水中煮熟、在热灰中焖熟、在预热的烤箱烤熟，去掉外层薄皮，佐盐，亦可不加盐，就可以取代面包，更别提它可以变化出多少种美味佳肴，使人得以饱腹。许多旅店主人会将很多土苹果在水中煮熟，去皮后用双手将之压碎，再揉入面团中烤成面包。”

遍游各地的中世纪炼丹术士及物理学家约翰·约阿希姆·贝歇尔（Johann Joachim Becher）毫不谦虚地说：“我把美国的马铃薯或土苹果在奥地利栽种成功，它可以用来制作好面包、好葡萄酒和烈酒。”作家沃尔夫·黑尔门哈德·冯·侯贝格（Wolf Helmhard von Hohberg）在《贵族的田园生活》（*Georgica curiosa aucta oder Adeliges Landleben*）一书中，对此新兴农作物的好处也深信不疑：“印第安人的帕帕斯水煮后趁热食用，或煮熟后去皮，加上油、醋、胡椒与盐冷食。它们在此处结实累累且持续增长，因此我们可以推测，现在加拿大的土苹果没有我们多。”

最终，人们认识到土苹果的好处，但在保守的农民之间，光靠命令是起不了作用的。直到“土苹果神父”在布道坛向教徒宣传土苹果的优点时，才赋予它成功的可能。在奥地利最著名的是约翰·艾伯哈特·容布鲁特（Johann Eberhard Jungbluth），他在荷兰出生，1761 年将土苹果块茎从故乡带来，并在下奥地利地区推动它的栽种。然而游布鲁特并不是第一人，大约在 18 世纪中叶，先后在森林区、葡萄酒区及阿尔卑斯山地区，都已有具体栽种土苹果的凭证。1770—1771 年的饥荒期间，更加快了土苹果的流行，1772 年有位列支敦士登（Lichtenstein）的官员记录如下："在几年前，此处乡间对土苹果的认识除了是地下作物外一无所知，它几乎未受重视，不论是在田野或庭院，连占据一小片土地也是不被允许的。经济学家们所著的回忆录与介绍，也无法让农民兴起一丁点儿尝试的意愿，只因我们的女店主不知该如何料理。终于，渐渐有些因服役或通过其他机遇来到村落的人，在葡萄园的斜坡上栽种土苹果……现在土苹果在下奥地利地区才能在相当程度上传播开来，甚至有些垄断谷物的犹太人（Kornjuden）出于私心而担忧，栽种土苹果会损害谷物的交易价格，即使他们劝导在休耕地种植，土苹果依然推广开来。"

除了在某些以手工制造业为基础的地区之外，土苹果在阿尔卑斯山地区渐渐广泛栽种。1813 年对利林费尔德（Lilienfeld）附近地区的报道中指出："处处大量耕种土苹果，其收成足以在全年大部分时间喂饱人与家畜。"那里有许多人在前工业时期的工厂工作，而在以农业为主的马希费尔德（Marchfeld）地区则有明确证据指出，土苹果尚未开始耕种。

正是在以农业为主的地区，要推广土苹果才尤其困难。和早期工业化地区不同的是，这里的居民基本不受饥荒所苦，因此他们便以此格言——别吃农民不知道的食物——为金科玉律而拒绝此块茎。尽管当权者与大地主费尽心力，其结果也不尽如人意，萨尔茨堡州的情况也是如此。1800 年左右，萨尔茨堡州市政府提道："几乎在德国的所有地区都耕种了土苹果，这被视为穷人阶级必须做的事，萨尔茨堡州（萨尔茨堡州在当时属于巴伐利亚州，即日耳曼民族神圣罗马帝国）的平原地区却不这么做，一部分原因是欠缺正确的引导，另一部分是勤勉与勇气的不足……农民对创新的偏见，在此也有影响……除此之外，农民也认定马铃薯是猪的食物，拒绝耕种和食用，借此断绝它出现在餐桌上的可能性。而仆役比起农民更没有享用此果实的意愿。"

奥地利栽种土苹果的起源可以追溯到 18 世纪下半叶，阿尔卑斯山区则是奥地利最先努力种植土苹果的区域，据推测土苹果可能是经由瑞士、莱茵河及德国施瓦本地区引进的。无论如何，此块茎的栽种在阿尔卑斯山地区非常成功，因而有编年史家写道："长久以来，这里的人们对土苹果一无所知，而现在它是所有人的主食，尤其对较贫困的阶级来说更是如此。但是直到 1753—1754 年秋天，才有流动工匠从阿尔萨斯（Elsaß）将土苹果当作某种奇珍异果装入行囊，将这种完全默默无闻的果实带回我们的森林。它虽未受到特别重视，但因此地少有而被人随处栽种，待秋天成熟时，才体会到它们的确不错，营养丰富且相对多产。之后，人们找到更好的栽种方式，使其接受范围越来越广，并流传出'土苹果和袜套是从法国引进到德国最好的东西'。"

在巴伐利亚王位继承战争（Österreichisch-Preußischer Erbfolgekrieg，1778—1779年）中，土苹果已具有决定战争胜负的重大意义，对峙的双方试图抢夺对方的粮食，迫使对方因粮尽而投降，因此这场冲突也被称为“土苹果战争”。而当战场再也挖不出土苹果时，冲突也随之终止。

土苹果在奥地利的施蒂利亚州，最初也未受到农民特别的欢迎，因此当地的农业协会必须费尽心力才能推动土苹果的耕种。此协会的创办人兼最勤奋的工作人员，是出身哈布斯堡家族的“绿王子”（grüne Prinz）——约翰大公爵（Erzherzog Johann1）。他在布兰登霍夫经营一间模范农场，并和认识的农民合作。1824年，他在写给保罗·阿德勒（Paul Adler）的信中提道：“土苹果长得很好，丰收可期，且较之去年更佳。”阿德勒是一个有大公爵身份的模范农民，为了了解农业现况，他在1811年徒步旅行到奥地利最南部的克恩顿州（Kärten）。当时有位克恩顿农民的女儿明确告诉他，土苹果顶多是劣质的猪饲料。他大为吃惊，这种对土苹果的偏见，在奥地利还存在了许久，1931年，关于舒马塔（Sulmtal）的农业及对土苹果的接受度报道如下：“它们（指土苹果）大多被当作猪饲料，如今拿它作为人类的食物，往往还是会引起人们内在的抗拒，一般认为它们会‘造成痉挛’（引起肚子痛）。在德国许多地区，土苹果已被当作日常主食，但此地农村的仆役一定会拒绝食用它。”

此外，经济学家对土苹果的偏见还包括它会促进人口过度增长。在土苹果刚得到认可的中欧，也出现了坚决反对此块茎的团体。1850 年左右，即使是沙文主义者也无法不理会某位德国作家的观点："在世界大事纪中，引进土苹果，即贫民的面包，被视为广大民众贫困化的主因之一。悲哀的是，一个上天赠予的新礼物，这般美味又健康的食粮，往往因人类的无知、过度反应和滥用，而发展出最为负面的结果……基本上，不容怀疑的是，营养素的质与量对人类身体有着深远影响，也反映出人类的饮食文化……人口会快速增加，致使农民的田地持续分化与缩小，原来的马铃薯经济下跌……在量上，当滋补的与令人兴奋的食物如肉、奶及面包消耗殆尽，则会出现肌肉松弛与神经刺激降低……人类不可避免地会越来越迟钝……学界所勾勒出马铃薯经济的结果，的确是一幅悲惨的画面……不单是没有经验的爱尔兰子民，还有大部分苏格兰人，几乎整个凯尔特家族（keltischer Stamm）都陆续陷入物质匮乏时期，衣衫褴褛，栖身之所肮脏不已……幸运的是，诸如此类的情况在德国并未发生……然而还是有些地区，如黑森林、奥登森林（Odenwald）、萨克森州的厄尔士山脉（Erzgebirge）、西里西亚[1] 等地，人们的粮食几乎只有马铃薯和用来作为虚假兴奋剂的烈酒，而他们生存的条件也近似爱尔兰的穴居人。向下沉

---

[1] Schlesien，是中欧地域旧名，今天大部分属于波兰，小部分在捷克及德国的萨克森自由州。

沦的危机敲击着国家的大门。”

除此之外，19 世纪下半叶，奥地利一再出现质疑的声浪，警告人们对土苹果的消费要特别当心。而所谓的营养学家批评此块茎的价值低下，更助长了对马铃薯的疑虑。也许因爱尔兰困境而备感震惊，德国记者兼作家卡尔·克吕恩（Karl Grün）1873 年在其《关于粮食与享乐品——兼论 19 世纪文化史》（*Ueber Nahrungs- und Genußmittel. ZurKulturgeschichte des 19. Jahrhunderts*）一书中写道：“在 17 世纪，尤其是 18 世纪前半叶，人们转而以之（指土苹果）为粮食。当手工制造业变身为加入机械力的工厂，马铃薯即成为不可缺少的劳工食粮。它们维系并支持真实世界中的大规模生产，是付给工资取得集体生产力制度的基石。若将此基石从结构中取出，则整个制度将会不可避免地崩塌。我们将软骨病、贫血、萎黄病或绿色贫血症归因于马铃薯。但是它们主要被用来维生，并被大量用在取代肉类或面包，而此摄食的变化过程，甚至不符合动物有机体的需求。因为马铃薯的主要含量是淀粉，之后会转化为脂肪，而且会让人头脑昏沉无法思考。以比重 100 分为基础，马铃薯中含有 80 分的水，然后是 18 分的淀粉，只有两分的白蛋白盐（Albuminate）或造血物质。矿物盐会消耗殆尽，人们还得补充食盐，这也是那句带有贬义的谚语的由来：‘从马铃薯身上连盐都摄取不到。’”而 1894 年，罗伯特·哈柏斯（Robert Habs）和李奥波德·罗斯纳（Leopold Rosner）在其《食欲百科》（*Appetit-Lexikon*）中，对此不起眼的块茎的评价则完全不同："简言之，对平民百姓来说，它就如面包一般不可或缺，对美食家来说如谷物般珍贵，对饕客来说如面饼般受到欢迎。"

除了黑森·卡塞尔领地的威廉家族（Wilhelms von Hessen-Kassel）兴致勃勃地大力推广皮尔葛朗斯罗特（Pilgramsreuth）的第一片土苹果农田外，在德国后续大规模栽种土苹果是在沃格兰（Vogtland）。这在1680年就有文献记载，当时土苹果佃户依然是有罪的。还有1719年也有文献提到，有位农夫要求要"一小片农田耕种土苹果"。这些史料证实了土苹果最初的名称，后来栽种土苹果也渐渐传播开来。在德国图林根州东部的城市格拉（Gera），有位编年史家报道有关土苹果的正面消息："来自沃格兰的外来客中，有些人对土梨（Erd-Birnen，学名是Helianthum tuberosum）和土苹果（Erd-Aepfel-Mastung，学名是Solanum tuberosum）赞赏不已。"

1750年，有位地主兴奋地指出："我改种马铃薯，或说是土梨、土松露。这种果实在我们这一带还不怎么出名，但在沃格兰则特别常见且收益颇佳。"在这片贫瘠的高地，几乎没有谷物生长，因粮食歉收而造成的物价上涨日益严重。1715年，在图林根有文献提到"挖出土苹果并松土"。由此可见，种植土苹果已从萨克森（Sachsen）向外扩展，并在1700年之前，抵达了普法尔茨（Pfalz）。1719年，有位地方公证官记载："约30年前，此土梨的果实在战争最严重的灾区，经由瑞士人带到劳特恩（Lautern）地区，它在地底下生长，敌人入侵也不会发现，还会为人类的生存而效劳。而地面上的作物如谷类，则在双方交战中，不可避免地遭到破坏。”

根据推测，第一批土苹果在选帝侯约翰·乔治（Johann Georg）掌权时，就已成功登陆布兰登堡，但三十年战争销毁了所有痕迹。有据可查的是腓特烈·威廉（Friedrich Wilhelm）大选帝侯重新修筑柏林御花园，并为此设法从荷兰引进土苹果。大约 1720 年，被称为 Artuffeln，Erdtoffeln，Pataten 或 Nudeln 的土苹果在德国推广开来，其在经济上的意义与日俱增。

德国反对土苹果的原因和欧洲其他国家相似，一是源于当时的经济观，另一个是来自医生的偏见。在 1785 年，尤汉·格欧·克吕尼兹逐字写下：“人们对它（指马铃薯）的谴责，在于它的成分会使消化力减弱，会将太多泥土中的成分带进血液，渐渐引发各种病痛，此病痛（根据医生的说法）可能是源自消化液和血液……在 1770—1773 年物价上涨时，有成千上万的人以此食物维生。在瑞士，有些人将汗诊、斑疹伤寒、水肿、长疥疮和其他因贫穷及困顿而造成的病痛，都归因于此植物。”瑞士籍医生丹尼尔·朗汉斯（Daniel Langhans）将颈淋巴结核（Skrofulose）也归咎于此块茎。1784 年，慕尼黑对土苹果的反对声浪依然强大，造成民众对仑福特伯爵及他精心调配的穷人汤严重抗议，就连艺术史学家兼美食家卡尔·费德里希·冯·卢穆尔（Carl Friedrich von Rumohr）也不相信土苹果的价值，其着眼点还是它“本身含有毒性汁液”，他也呼吁消费者：“通过多次洗刷并在水中长时间浸泡，才能释放出部分毒液，而残存的毒液则以文火使之蒸发。”所有西班牙编年史家的推荐都起不了作用，即使他们亲身经历土苹果在印加帝国食物供应系统中的功能，并深知土苹果可以防止坏血病，也明确预见它们在欧洲饮食结构的重要地位。经长时间的证实，流传几世纪的欧洲饮食传统，的确是顽强且难以改变的。

农民的保守主义和传统的“三农田作物栽培制”（夏季作物–冬季作物–休耕期）对土苹果的培育是没有帮助的。休耕期只提供极少量的牲畜肥料，因此对过度耕作而耗尽养分的土地来说，这些肥料也不算太多。19 世纪中叶，在许多地区，农民对于在休耕期栽种根茎类作物或土苹果是存有成见和抗拒的，直到人们了解到，土苹果在土壤中所吸收的养分和谷物所需要的完全不同，以及有“肥料工业之父”之称的德国化学家尤斯图斯·冯·李比希（Justus von Liebig）发明出人造肥料，才开启集约耕作并发展出土苹果栽种文化。然而，人们还是得在土苹果种子的改良与对抗病虫害上费尽心力。

安东尼厄斯·安图斯（Antonius Anthus，德国医师古斯塔夫·布鲁卢得 Gustav Blumröder 的笔名）对“食事”（Essensangelegenheiten）尤其严格，在其著作《餐桌边的风尚与世界——关于饮食艺术的诙谐讲座》（*Geist und Welt bei Tische. Humoristische Vorlesung über Eßkunst*）中，严厉谴责许多烹调习惯。他批判维也纳人偏好水煮牛肉（译按：此书中的水煮肉类或鱼类料理，皆为清淡的白水煮肉，非川菜中的麻辣烹调手法）。在1838年以前，他就已找出土苹果的许多优点："马铃薯和面包很像……是一种美味佳肴，且以最简单的方式烹调为最佳，如在烧红的灰烬中烤熟或以蒸汽蒸熟。有些饮食自然主义者乐于享用加盐调味的蒸熟马铃薯，并在其中加上美味的奶油，真要追究此佳肴能广为流行的原因，应该是它味美、价廉、易于耕种、容易产生饱腹感……"

东欧

在斯拉夫地区推广土苹果，比起在欧洲其他地区要难得多。大约1730—1740年间，土苹果在斯洛文尼亚（Slowenien）被视为饲料。面对初期对此陌生块茎的质疑，匈牙利及波西米亚女王玛丽娅·特蕾莎在1767年去函要求各行政区首长耕种及培育土苹果。因谷物歉收时常发生，而此举将有助于防止饥荒扩大。此外，后来品种较好的土苹果从克罗地亚沿海地区传到斯洛文尼亚，这么一来，自19世纪中期开始，此地区的土苹果便成为除了谷物之外最重要的农作物——而今日亦是如此。

大约1697年，俄罗斯沙皇彼得大帝（Peter der Große）首次收到一袋来自荷兰的土苹果。他将之作为种子，栽种在俄罗斯的不同地区。这位皇帝的推动引发了正教徒的猜疑，他们将土苹果视为“魔鬼苹果”（Teufelapfel）——亚当和夏娃在天堂食用并导致他们被逐出伊甸园的禁果。因此，农民对此也抱有怀疑，地主逼迫佃农耕种土苹果，造成流血暴动。凯瑟琳大帝（Katharina die Große）不顾主教的反对，努力消除民众对土苹果的质疑，这才去掉虔诚信徒心中这个举足轻重的绊脚石。然而还是得通过付给酬金，才能完全消除农民对耕种土苹果的抗拒。现在 kartoschka（马铃薯）已经大规模替代萝卜及粗麦，后来蒸馏土苹果也带给俄罗斯人必不可少的“小酒”（即伏特加）。

据推测，土苹果传到捷克是通过布兰登堡的引进，不过是以 brambori 和 bramburi 的名称传入。在布兰登堡边界，土苹果最初也未得到由衷的接纳。“土苹果先锋”克吕尼兹（Krünitz）记录了初期面对的重大困难：“在布兰登堡边界，王室处所的佃农及农民（一如已故总理米夏埃利斯的见闻和我的记忆）不会出于自愿耕种土苹果，必须通过威胁利诱，在歉收或天灾时，无须上缴最低十分之一的收成充公。”另一个说法指出，此新块茎在波希米亚[1]是通过“因三十年战争从爱尔兰移居布拉格的方济各会修道士引进耕种的”。1741 年，《班森编年史》（*Bensener Chronik*）对当地游骑兵的库存记载如下：“他们在冶炼厂存放了大量的甘蓝、萝卜和土苹果。”

17 世纪时，土苹果以庭院植株之名来到斯洛伐克，直到 18

[1] Böhmen，中欧地域旧名，位于今天捷克中西部地区。

世纪，它才在某个程度上被当作食物，还被排挤到当时在欧洲通行的农田三年轮种法（Dreifelderwirtschaft）之外。在书写用语上，土苹果的通用语为 zemiaky。在斯洛伐克，土苹果就有约 150 种名称。

匈牙利也是直到 18 世纪中叶才有计划地耕种土苹果，但此块茎最初同样受到当地农民极大的质疑。土苹果的耕种是从地主开始的，至于匈牙利的土苹果是从何处引进的则不明确，据推测应是由大学生、士兵或游客带进来的。一如在所属领地的其他州那样，玛丽娅·特蕾莎女王以同样的方式推动土苹果的耕作，最先接受的是德意志裔的农民，且是在 1754 年，由匈牙利农民拔出土苹果植株交给他们的。无论如何，匈牙利的农民栽种土苹果的时间，比起欧洲其他地区的农民要晚得多。因此，当 1794 年歌德的剧作《史黛拉》（*Stella*）译为匈牙利文时，有一整段遭到修改。歌德写道："……我们的蛋糕佐煎煮马铃薯一起吃。"当时这句话对匈牙利的读者来说是无法理解的，因此在匈牙利文的译本中，"马铃薯"便改成了"红烧牛肉"。

大英帝国及爱尔兰

大约 1585 年，土苹果被引进英国，如前文所述，弗朗西斯·德瑞克和沃尔特·雷利在引进此植株的故事，受到学界质疑。英国的土苹果在生物学上的组成和西班牙的不同，它们在爱尔兰可以生根发芽，因为气候相对来说更适宜生长。无论如何，1640 年左右，爱尔兰的威克洛郡（Wicklow）就已经开始耕种土苹果。初期作为农民副食的土苹果，在爱尔兰潮湿的气候中生长良好。此外，这个因战争而削弱的国家急需大量粮食。我们可以推测，不论是英国或西班牙的土苹果品种，都可追溯到 Solanum andigenum（马铃薯）。

总而言之，17 世纪时，爱尔兰是欧洲第一个大规模耕种土苹果的国度。18 世纪下半叶（约 1780 年），土苹果在此已成为主食。为什么这群迷信的人会愿意接受这种和所有妖魔鬼怪有连带关系的块茎？原因已不可考。而土苹果在爱尔兰也的确是“穷人的食物”，凡是有点能力的人，都会开心地舍弃土苹果并对“土苹果食客”嗤之以鼻。英国人将爱尔兰的人口爆炸和土苹果的普及联系起来，并对此发展抱有高度的怀疑。

后来，土苹果在爱尔兰的食物消耗中排名第一，平均每人每天食用 5.5 磅的土苹果，烹调方式以在泥炭中闷熟居多，且多半会佐牛奶及奶酪食用。这个绿色岛屿上居民的大拇指会留着长长的指甲，便于为热腾腾的土苹果去皮。当时连爱尔兰的幼童都能够烹调自己的土苹果。在“土苹果热销”之前，爱尔兰人主要靠燕麦供给营养。在 1728—1729 年和 1740—1741 年间，谷物歉收，爆发了大饥荒，造成数以万计的人丧生，因此人们加速推动土苹果的耕种。约 1746 年，第一起土苹果疫病发生，那是由北美洲带进来的“卷叶病”，即染病的植物叶子会卷曲起来，此疫病是造成高达 75% 的土苹果歉收的原因。

尤其辛苦的是，爱尔兰人在 1845—1849 年间，面临的甘蓝与土苹果晚疫病，此疫病首次在欧洲出现是 1830 年，即使当时情况较轻微，但还是造成人民几乎没有任何食物的困境，许多人因此移民，因为鱼类也多半用于出口。对爱尔兰人来说，这不是第一次爆发大量移民潮，18 世纪就有许多爱尔兰人因岛上严酷的佃租制度且没有廉价的耕地而远离家乡。

受到爱尔兰饥荒的影响，英国坚决推动以农田规模来耕作土苹果。自 1662 年起，英国皇家学会（Royal Society）成功地推广此块茎。1667 年，经证实位于大不列颠岛西南部的威尔士公国已有土苹果农田存在。而在其他地区，约在 1794 年才开始少量地耕种土苹果。尤其在 16 世纪和 17 世纪初，土苹果还被归类为蔬菜，于是便被视为价值低下的作物，这是它一大缺点，因为英国人很明显是肉食主义者，对他们来说水果还算受欢迎，而蔬菜只有“较好的”种类如洋蓟和芦笋会吸引他们。但到 18 世纪中叶，富有的英国人已会将土苹果作为牛排的配菜。

带着优越感关怀贫民的慈善家，虽然一再推荐土苹果为重要的粮食，但自己却拒绝食用。一位皇家学会的成员在鼓吹农民多多耕种土苹果的同时，也对此块茎发表负面评论。在当时的英国，土苹果也被贴上特定人群的标签：它们是爱尔兰人的主食。

当时的英国因工业革命形成了许多人口密集区，新兴的城市形成一股较之其他地区更为强大的土苹果耕种的推动力。在此生活的人们需要大量的粮食，对于食物的需求持续升高，而土苹果正是可以解决此问题的答案。在1820—1900年间，“马铃薯先生”（patato man）每天出现在伦敦街头，以穷人负担得起的价格，提供土苹果加奶油及烤土苹果热食。冬天时，有教养的绅士往往不会让妻子买热土苹果，因为她们会立刻塞进暖手罩取暖。马铃薯先生的叫卖声在当时是众所周知的：

> 烧洋芋[1]，烧洋芋，
> 只要一枚铜币，
> 在河岸街上上下下，
> 你找不到更热乎的东西了。

1840年左右，工人区的小店就已贩卖炸鱼或烤鱼，直到1860年左右才有洋芋块在热油中翻腾，至于从鱼片转变到薯条的精确时间已不可考。据说是1858年，约翰·李斯（John Lees）在大曼彻斯特郡的奥尔德姆（Oldham）开了间小店。约瑟夫·马林（Joseph Mallim）于1863年在伦敦东区跟进，到了1888年，全英国已有约1万间提供炸鱼薯条（fish-and-chips）的店家。直到今天，英国工党参加党代表大会的成员，仍保留着在炸鱼薯条小店前集合的传统。

---

[1] 编注：洋芋，马铃薯的别称。

法国

今天法国人给予高度评价的 pomme de terre（译按：法文的马铃薯，字意亦为土里的苹果），被引进到法国的时间更晚。在法国，菊芋（Topinambur）是集约耕种的作物，受到特别的照料。土苹果虽不是（如传说中所言）由奥古斯特·帕蒙提耶（Auguste Parmentier）引进法国的，但是，在 1783 年以前，此块茎在好几个州就已是受欢迎的食物，而药房对于土苹果后续的流行有很大的影响力。帕蒙提耶在普鲁士战争期间被俘的经历，让他对土苹果的优点深信不疑。在遭监禁期间，他几乎只靠土苹果维生，后来也大力推动它的耕种。1793—1818 年的饥荒，也成了此块茎得以在法国占有一席之地的推手。

法国的农业非常脆弱，频繁歉收，但法国人同样没有立即做好接受土苹果的心理准备。即使不怎么富有的法国人，也偏好白面包，而穷人也还有用谷物加奶油与牛奶制成的奶糊（Bouilli）可食用。面包被视为“餐桌之王”，它出现在《圣经》中，并在天主教弥撒献祭仪式中有重要的作用。此外，土苹果有违古老的生活及饮食习惯。对劳苦的乡村人口来说，生活的一切都困难重重，于是改革是复杂且不受欢迎的，一如在欧洲的其他地区，人们宁可挨饿，也不肯放弃旧习惯。

1600 年，农学家奥利佛·德塞赫（Olivier de Serres）写了一篇关于土苹果的文章，他取意大利文的 tartufoli，称土苹果为

cartoufle，并在文章提及："这植物名为'cartoufle'，不久前才从瑞士传到法国的多菲内省，它的果实与植株同名，形似松露，但没有人这么称呼它……"大约1640年，人们在因三十年战争而遭摧毁的多菲内葡萄园中，发现了马铃薯，那是介于隆河（Rhône）与意大利边界一带。那时土苹果多半被用来当作猪饲料，但在多菲内这个非常贫穷的省份，它很快就被当作人类食物了。可以证实的是，1665年左右，土苹果在巴黎已被当作餐点。大约1713年，它来到隆河河谷（Rhônetal），且在1744年前，比利牛斯山区已用patano来称呼土苹果，大约1780年，土苹果在此地已成为主食，它让居民免于遭受1812年在法国其他省份面临的大饥荒之苦。

勃艮第（Burgund）的居民厨艺过人，并且不断致力于改良品种并提高土苹果产量，因此有"柔软的内脏"（seidene Eingeweide）之称。勃艮第人应在1588年就已开始耕种土苹果，他们称此新块茎为"pomme de terre"（土里的苹果），而此名称后来也在全法国通用。大约1630年，法国东北部的洛林和里昂附近地区，开始培育土苹果。大约30年后，它们来到阿尔萨斯和东北部的佛日山脉（Vogesen）。直到1800年左右，土苹果才来到法国西部，因这里气候特殊（夏季凉爽潮湿），因此必须找到合适的品种。

知名的美食家萨瓦兰（Jean Anthelme Brillat-Savarin）在其著作中致力于研究当代人的肥胖，并在他所记录下的许许多多餐桌对话中，试图发掘原因。他认为，土苹果是“肥胖制造者”。

一个超级大胖子：这位先生，麻烦您递给我在您面前的马铃薯，这么多人在后头等着，我还怕来晚了。

我：先生，这给您，请尽量取用。

胖子说：您不先取用一些吗？这够我们两人的份，后到的人我们不用管！

我：谢谢，我不吃，我只把马铃薯当作饥荒时的备粮，除此之外，我不知道还有什么食物比这个更淡而无味。

胖子：好一个谬论！没有比马铃薯更美味的食物了，各种烹调方式的马铃薯我都喜欢。如果第二道菜还有马铃薯的话，那么依照里昂的方式去料理或做成烤饼都好，所以现在我要为维护我的权益而提出抗议。

其他欧洲国家

1590年左右，土苹果被瑞士近卫队带到东部的格拉鲁斯。起初（1730年以前），它因花朵美丽而被注意，后来人们在巴塞尔的植物园看到它感到大为惊艳。第一份土苹果食谱虽已在1596年出现，但50年后，弗里堡州的于伯施托夫（Übersdorf）证实已耕种土苹果，直到17世纪中叶，瑞士以农田规模耕种土苹果才流行起来。1770年的饥荒是土苹果地位在此获得最后突破的关键所在。在摆脱只能作为盆栽植物的地位后不久，土苹果即以马铃薯丝煎饼闻名于瑞士且备受欢迎。与安第斯山脉的居民相似的是，瑞士农民耕种土苹果的海拔高度可达 2000 米。

土苹果在斯堪的纳维亚半岛最初的处境也是非常艰难，正如在欧洲的许多国家一样，当权者对此新块茎的接受度有很大的影响力。1704 年 12 月 16 日，土苹果以豪华餐点的姿态，出现在查理十二世国王（König Karls XII.）征战波兰时驻扎拉维奇（Rawitz）营地的餐桌上。

大约 1694 年，土苹果在挪威首次被提起，并且是在克里斯蒂安·加特纳（Christian Gartner，生于 17 世纪中叶，卒于 1716 年）的《园艺学》（*Horticultura*）一书中。而挪威西部初次提及土苹果是在约 1740 年，由卑尔根（Bergen）的主教提起。当时它被当地的上层阶级当作餐桌上的奇珍异馐。国家机关及官员致力于推广土苹果，保守的农民和其他居民认为食用土苹果会引发许多疾病，直到 1809—1813 年间，挪威境内遭受饥荒及农作物歉收，人民才开始食用此块茎。然而，1845 年出版的第一本挪威食谱，只编入了极少数简易的土苹果食谱。

1658 年左右，此块茎传到瑞典，这一年欧罗夫·鲁德贝教授（Olof Rudbeck）将 solanum tuberosum s. Papas peruvianorum（土苹果）纳入乌普萨拉（Uppsala）的庭院，据推测，这是他在 1654 年的考察旅行中，从荷兰带回来的。之后在瑞典的宫廷花园就能发现土苹果的栽种。然而，一位外交官指出土苹果可用来对抗饥荒，才注定了此块茎在瑞典的成功。除此之外，神父及官方也为了推广土苹果而分发种子给农民。此源自安第斯山的农产品，虽然接受度越来越高，但却无法取代在斯堪的纳维亚半岛已广为流行的甜菜，在旧有的饮食习惯中，还是未将土苹果列入主食行列。但瑞典人和许多民族一样，深谙此块茎的多样化。正如许多欧洲国家那样，斯堪的纳维亚地区的官员，也将土苹果视为面包短缺时的替代品。但在18世纪末，关于土苹果，约翰·费雪斯通（Johan Fischerström）写道："大自然并没有将此美好的植株设定用来烤面包。"此块茎在瑞典并未像在欧洲其他地区那样受到贬抑，18世纪起市民圈即开始享用土苹果。至于冰岛和芬兰，土苹果在18世纪才慢慢被引入其国门。

直到19世纪，土苹果才由维特尔斯巴赫（Wittelsbacher）家族带入希腊，来自巴伐利亚的新统治者也带来了啤酒。特殊的土苹果料理在希腊很少见，20世纪时，薯条成为佐希腊烤肉卷饼（Souvlaki）和其他烤肉料理的配菜且大受欢迎。在希腊菜中也可以发现烤土苹果，可以佐淋上少许酱汁的辣煎猪里脊肉及菲达干酪块食用。此外，还出现了一种马铃薯泥加蔬菜的炸薯饼。斯科达利亚（Skordalia，冷的土苹果泥加上蒜头）与慕沙卡（Moussaka，千层土苹果加绞肉）则属于晚期希腊风味菜中的土苹果料理。

土苹果在波罗的海东岸三国的际遇，同样有些曲折。1673年，有位官员提及拉脱维亚的雅各布公爵（Herzog Jakob，卒于1682年）时说道："这位公爵经由汉堡收到许多珍贵的马铃薯，有天晚上在宫廷中加以分配，每个农庄的代表只能分得一个马铃薯。对我来说……我宁愿吃甜菜。”直到 18 世纪下半叶，土苹果在波罗的海地区才成为富人阶级的菜肴。最后地主鼓励佃农耕作土苹果，尤其是用来作为对抗饥荒的梦幻武器。

立陶宛有句俗语说：“马铃薯是我们唯一的资源，马铃薯是我们的钻石。”土苹果是立陶宛人民的主食，在立陶宛有道以土苹果为主要食材的创新料理，是知名的国菜赛普里奈（cepelinai），此料理因形似一战期间在立陶宛工厂建造，但由德国伯爵齐柏林（Zeppelin）发明的巨大飞船而得名。当地居民对此飞行器的造型显然很满意，他们用土苹果面团做成雪茄的形状，再填入绞肉或剁成小块的熏肉为内馅。还有用生土苹果做成的库格里斯（kugelis），在立陶宛也扮演重要的角色。这道由土苹果、熏肉、牛奶、鸡蛋及洋葱做成的烤饼广受欢迎，它的名字源自德语区包有内馅的土苹果团子。

“富人剥穷人的皮，穷人剥马铃薯的皮”是从前爱沙尼亚常见的格言，大约 1840 年，土苹果在此地才真正被接受。不久之后，土苹果色拉搭配红甜菜、鸡蛋、酸白菜、肉及土苹果；腌猪脚佐酸白菜及土苹果泥；土苹果色拉佐酸黄瓜，成为爱沙尼亚的标准料理。

最后土苹果征服了整个世界，它抵达岬角并进入印度，在澳大利亚的塔斯马尼亚州（Tasmanien）与新西兰都开始耕种，在中国北部也有其立足之地。

洋芋泥包心菜（爱尔兰、苏格兰，1774 年前）

土苹果在盐水中煮熟后，去皮并捣成泥。包心菜切丝，萝卜切丁，同样在盐水中煮熟。土苹果和其他蔬菜混合并搅拌均匀，加盐及胡椒调味，亦可加入奶油增添风味。

可布勒迪（Cobbledy，爱尔兰，1834 年）

将煮熟捣成泥的土苹果加入牛奶、奶油、盐、胡椒及洋葱细丁混合即可。

海员杂烩（Labskaus，英国，约 1700 年）

将煮熟捣成泥的土苹果和（烟熏）细绞肉及洋葱混合均匀，再加入（辣味）佐料调味即可。

奶香烤马铃薯（Gratin dauphinois，法国，18 世纪）

去皮切片的土苹果一千克，奶油二十克，红葱头一颗切细丝，蒜头一瓣拍碎，牛奶或鲜奶油、乳脂、盐、胡椒、肉豆蔻、奶酪丝。蒜头在奶油中爆香，加入鲜奶油（或牛奶）煮沸并调味，之后加入土苹果片，煮至入味软透，再移至单柄锅，拌入打发的乳脂，撒上奶酪丝烤至表面金黄即可。

奶酪烤土苹果（Pommes savoyardes，法国，18 世纪）

去皮切片的土苹果一千克，奶油二十克，（牛肉）高汤三百七十五毫升，羊奶酪五十克切碎，奶油二十五克。土苹果切片但不完全切断，放进涂上奶油的烤模中，热汤倒入至三分之二的高度，放进预热一百八十度的烤箱中烤熟，再撒上奶酪与奶油，烤至表面金黄色即可。

马铃薯泥奶酪（Aligot，法国，约1800年）

去皮切块的土苹果一千克，切成细长条状的多姆干酪（Tome，或其他香味浓郁的硬质奶酪亦可）四百克，去皮蒜头六瓣，盐、胡椒若干，法式酸奶油（Crème fraîche）一杯。土苹果块及蒜头在盐水中煮二十分钟，然后取出蒜瓣并将土苹果过筛。取少许食用水和法式酸奶油一起搅拌，再拌入奶酪，调味后再加上一瓣压碎的蒜粒提香。今天这道营养丰富的农家料理，是一道受欢迎的配菜。

甘蓝菜汤（比利牛斯山，1780年）

土苹果去皮，加入洋葱及甘蓝菜以小火在油中拌炒，然后加入水及盐，再倒入滤网按压过筛，调味后佐面包食用。

马卡多（Machado，比利牛斯山，1780年）

土苹果和番茄、青椒、洋葱与熏肉一起煮，过筛后仔细调味，搭配面包及煎蛋食用。

薯饼（de Combles，孔布勒镇，约1749年）

土苹果刷洗干净后切成薄片，裹上面粉后在油或奶油中炸熟，再加盐调味即可。

薯饼（de Combles，孔布勒镇，约1749年）

土苹果煮熟后去皮、切片，并加盐调味。奶油加热后，将土苹果片及洋葱丁一起煎黄即可。

薯饼（de Combles，孔布勒镇，约1749年）

土苹果煮熟后去皮、切片。以面包粉、剁细的香料及蛋黄调成面糊，再将土苹果片裹上面糊在奶油中煎黄即可。

土苹果粥（曼彻斯特，1832年）

土苹果去皮并在盐水中煮软，然后加奶油或猪油捣成泥。佐一小块煎香的熏肉风味绝佳，在极少的情况下会添加少许肉。

鱼和薯条（英国，19世纪）

以蛋、面粉、啤酒及水调制出稀面糊，鱼片（鳕鱼、比目鱼、黑线鳕等）裹上面糊后在热油中炸透，佐薯条食用。在英国传统上是将鱼和薯条包在报纸内贩卖。

白萝卜—土苹果（波希米亚，约1850年）

去皮白萝卜七百五十克，去皮小颗土苹果一千克，盐、胡椒若干，欧芹切细末，奶油、面粉少许。蔬菜分别在盐水中煮熟，接着在一容器中加入少许菜汤。以奶油炒面糊勾芡，调味后撒上欧芹即可。

苹果土苹果（德国下萨克森州，约 1870 年）

水煮、去皮土苹果两千克，去皮水煮苹果一点五千克，奶油一大块。

在苹果及土苹果中加入一大块奶油搅拌，将之煮透，加糖（或香辛料）调味，食用前再淋上棕色奶油[1]。

薯条（维也纳，1907 年）

土苹果去皮切成条状，在热油中先炸几分钟，使之保持浅黄色，端上桌前再入油锅炸数分钟至金黄色，盛入碗中并加盐调味即可。

土苹果团子（Erdäpfelkarbonadeln，维也纳，约 1875 年）

水煮、去皮、过筛的土苹果两千克，蛋两颗，加上盐、胡椒、甜椒、墨角兰、面粉及面包粉混合揉成面团。再将此面团分成小块，搓成椭圆形，浸入混有面包粉的蛋

[1] braune Butter，将奶油在锅内以小火加热至沸腾，使奶油中的水分蒸发后，会产生棕色色泽及核果般的香气，因此又名“核果奶油”（Nussbutter）。

液中后取出，炸至金黄色即可。

土苹果汤（德国，1784 年）

将土苹果煮熟、去皮，然后加入高汤、芹菜及欧芹末，再次加热后以细麻布过滤，之后再放至炉火上加热，若过于浓稠则加入高汤稀释并调味，佐烤小面包食用。

烹调土苹果（德国，1784 年）

取圆形且约莫核桃大小或稍大一点的土苹果，煮熟后去皮，将动物油或奶油放入单柄锅或煮锅中，再放入土苹果煨煮，以此方式烹调美味可口。

土苹果卷（Triest，意大利的里雅斯特，1872 年）

水煮后过筛的土苹果两百克，面粉五十克，动物油十三克，盐若干，牛奶约七百五十毫升，蛋两枚，奶油四百五十毫升，薄面卷面团。蛋黄与动物油打到松软，拌入土苹果泥，再由下往上以同方向拌入鲜奶油及面粉后调味，将之抹在薄面卷面团上，卷成螺旋状后放上抹好油的烤盘，在烤箱中慢火烤熟即可。

马铃薯香肠（Krommbiere，立陶宛，1880 年）

土苹果两千克去皮，洋葱五百克，五花肉五百克，牛腩三百克，肉干两百五十克，盐、胡椒、墨角兰、百里香、肉豆蔻、香薄荷适量。土苹果及洋葱以食物搅碎机中间细度搅碎，所有的肉类煮熟，同样以搅碎机搅碎后，将两者搅拌均匀并以重口味调味。再将此馅料填入洗净的肠衣，并在热盐水中浸泡两小时（不要加温煮沸，否则肠衣会破裂）。也可将此馅料放在耐热玻璃罐中隔水加热蒸熟。酸白菜、小面包及啤酒皆是佐热香肠的绝配。

苏格兰式的土苹果片（1889 年）

将十二个大颗土苹果煮到半熟，将之切成片，再将四颗蛋、两匙面包粉和两汤匙切碎的火腿肉搅拌均匀，再将土苹果片裹上蛋液并炸透即可。

火腿蛋土苹果（意大利，约 1900 年）

一定数量的水煮土苹果趁热去皮、切片，加入粗略剁细的火腿或熏肉混合均匀，在热油中脱去水分，同时将蛋（和土苹果的比例为一千克土苹果对上三颗蛋）、盐及葱花打发，将之淋在土苹果上，待蛋烘熟即可趁热食用。

欧洲料理中的土苹果

Die Erdäpfel in Europas Küchen

动物狼吞虎咽，人类细嚼慢咽，但只有品味特别的人们才享用正餐。

——萨瓦兰

Savaran

烹调手法会受到环境、气候和可食用动植物的影响，因此，最初它只是一种地区性的现象，沿岸地区、山区、低地、草原和高山牧地的料理皆大不相同。然而，一旦彼此开始接触，出现善意的沟通，不论是料理方式，还是食材与调味料都能相互交流。人类在本质上是好奇的，当你在某处品尝到美食，回家就会想方设法做出那个味道。但是如果缺了某种材料，或因口味上的偏好，而在烹调手法或调味上略做改变，那么味道上也会产生些许变化。

当然，沿海地区居民的优势在于有丰富的鱼类可以端上餐桌。在欧洲天主教国家，教会每年规定约 150 个斋戒日，用鱼类、蛋、面食与蔬菜来取代肉类料理，土苹果后来加入其中，且大受欢迎。土苹果被广泛接受，对比较穷苦的阶层来说，这种多样化的块茎简直是帮他们摆脱单调乏味的半流质料理的珍馐。

在科技交流与团体旅行兴起之前，欧洲料理也不是故步自封不受外界影响的。阿拉伯人在西班牙，还有土耳其人在巴尔干半岛，都留下了美食的足迹。玛丽·德·美第奇[1]带着她的厨师前往法国，匈牙利通过王室的通婚，也引进了意大利与法国料理的元素。在哈布斯堡君主国时期，维也纳接纳了来自欧洲各国的成员，而他们也都带来了自己最爱吃的菜和特色风味料理。上述地区居民乐于接纳这些新元素，他们在自家厨房尝试、思考并选择适合其口味的料理。

战争和动荡的生存环境让人无法静下心来烹饪。后来成为奥地利烹饪大师的法兰兹·鲁姆（Franz Ruhm）在前线服役时，战地伙房曾遭炮击。不是每个厨师都有拿破仑御厨的闲情逸致，这些御厨在马伦哥（Marengo）会战前发明了一道鸡肉料理，食材取自拿破仑野营驻扎的农舍，这道料理即名为“马伦哥炖鸡”（Huhn à la Marengo），不久后在巴黎的餐馆大为盛行。然而今日，这道料理的创始人，大概会因为后人大幅更改配方（添加白酒与松露）而认不出这道菜了。

---

[1] Maria von Medici，意大利大公之女，法国国王亨利四世的王后。

尽管当时人们试图将国家与特定料理联系起来，以表达并维系成员的认同与归属感，但我们还是要在一开始就打破所有的错觉——严格说来并没有本国料理的存在。如果人们怀有要将某些料理定义为属于某个特定国家的想法，那么几个世纪以来，烹饪术的发展与创新就不可能发生。每天都有人在厨房反复尝试、实验，有些菜肴被认为是失败之作而倒掉。即便烹调法有其发展过程，但料理还是会经过调整，适应各个国家的口味，而且不会排挤这个国家的“最爱”。要意大利人戒掉意大利面、法国人戒掉马赛鱼汤或红酒炖鸡、匈牙利人戒掉匈牙利炖肉（Tokany）、奥地利人戒掉维也纳炸肉排以及牛肉清汤（Tafelspitz）或烤猪排，都是让人无法想象的。各国的传统料理走向国际的最大危机在于其被简化为披萨、披萨式的法国面包（überbackenes Baguette）、预炸的猪排、盒装或罐装土苹果色拉等方便性的食品与快餐。

然而，“本国料理”此概念还是代表着地道的风味，于是人们去到维也纳、柏林、托斯卡纳、勃艮第、巴塞罗那或布达佩斯时，都知道要点当地的风味菜。

当土苹果克服所有偏见来到欧洲厨房时，人们尝试烹饪此块茎的各种可能。它多半被用来取代谷物与面粉，来做成咸粥、甜粥和面包，还会酿制烈酒，在许多国家发展成为“有饱腹感的配菜”，并造福许多乐于烹煮大锅菜的人们，把它加在汤品中，增添美味及营养。最后人们终于认识到它的特性，发明出从比利时的薯条到东欧的薯丝煎饼的料理方式。

“万事开头难”之后，法国人展现出乐于进行土苹果实验的精神，许多肉类与鱼类的经典配菜都出自法语，如 pommes Anna（土苹果派）、pommes sautées（盐煎土苹果）、pommes rissolées（香煎土苹果）、pommes duchesse（女爵土苹果[1]）、pommes croquettes（炸土苹果手指条）、pommes glacées（马铃薯热冰淇淋）、pommes à la maître d'hotel（招牌炒土苹果）、pommes purées（土苹果泥）、pommes au gratin（烤土苹果）、pommes aufour（烤土苹果）、pommes allumettes（火柴薯条，即细小的薯条）、pommes suzette（火烧薄薯饼）等。

这本土苹果文化史小书在维也纳出版，因此，我们首先环顾从前属于哈布斯堡君主国的国家如何料理土苹果。

巴尔干半岛

巴尔干半岛包括斯洛文尼亚 (Slowenien)、克罗地亚 (Kroatien)、波斯尼亚 (Bosnien)、黑塞哥维那 (Herzegowina)、塞尔维亚 (Serbien)、阿尔巴尼亚 (Albanien)、蒙特内哥罗 (Montenegro)、马其顿 (Mazedonien)、保加利亚 (Bulgarien)、希腊（希腊将

[1] 女爵土苹果，法国料理的经典配菜，做法是马铃薯泥加入蛋、奶油、盐、胡椒搅拌均匀，放入挤花袋中挤出花朵般的形状，再抹上蛋黄放入烤箱烤至金黄色即可。

另辟章节讨论）及土耳其属于欧洲的地区。除了“靠山吃山，靠海吃海”等结合地形的料理特色（亚得里亚海岸地区、丘陵与石灰岩地区）外，历史事件的发生也影响了意大利、土耳其、黎凡特、匈牙利与奥地利的料理。而巴尔干半岛的烹调方式，是以加入大量蔬菜的天然料理为主。

鱼、酒、橄榄油、色拉、甘蓝、香草植物、无花果、杏仁与樱桃汇总成沿岸地区的料理，墨角兰、罗勒、鼠尾草、百里香、迷迭香、莳萝也受到欢迎。内陆有独特的农业，还会饲养绵羊、山羊及家禽，也推动牛与猪的培育，农民主要耕种玉米和小麦，但也有米、芝麻和罂粟籽。石灰岩地形区则以饲养绵羊者为主，此地区的膳食组成除了羊肉外，也以奶、奶酪与玉米粥或玉米饼为主，甘蓝、豆类、洋葱、青椒与茄子等蔬菜料理，以及凯马克羊奶奶酪（kajmak-Käse）与火腿（pršut）也颇受青睐。虽然因地区不同而料理手法各异，但总体说来，巴尔干半岛的烹调还是以使用浓烈的调味料为特色，料理中会加入洋葱、蒜头、番茄酱、欧芹、青椒和白花菜芽。在穷乡僻壤则以简便的农家料理为主，如面包、猪肉和土苹果料理。此地的人们不用橄榄油而用猪油，还有鹅油和鸡油也会拿来做菜。克罗地亚利卡区（Likaregion）的土苹果因质优而最负盛名。

自 19 世纪中叶以来，土苹果在斯洛文尼亚就是除了谷类外最重要的农作物，至今依然如此。尽管此块茎的烹调方式多样，但最初盛行的还是水煮去皮法。在 1789 年克罗地亚的食谱中，只提到土苹果可用来制作面包和芡粉。十年后，食谱已加入土苹果加奶酪与土苹果团子。1842年，土苹果可作为鱼类的配菜、蛋类料理的食材以及煎面饼与蛋糕的原料，后来汤和土苹果色拉也被端上餐桌。直到20世纪，土苹果终于获得全面的认可，也逐渐成为主菜（如土苹果镶肉及其他食材）。20世纪60年代，薯条来到了巴尔干半岛。

斯洛文尼亚以辛辣的料理著称，后来逐渐受到匈牙利的影响，这里的菜单上出现了许多匈牙利的肉类及野味料理，还有大锅菜与各式红烧肉。

汤品在巴尔干半岛特别受到欢迎，其中包括土苹果汤、肉类与香草汤及添加土苹果的蔬菜汤，在此地区处处可见以辛辣调味的土苹果作为前菜。塞尔维亚的人民尤其偏好水煮鸡肉或火鸡肉佐土苹果。在巴尔干半岛，鱼类并非主要食物，但节庆时不可或缺且备受珍视。除了烧烤肉类（包含肉排或动物全身）外，以绞肉做成的料理也广受喜爱。蔬菜炖肉及以蔬菜、肉类与米饭烹调的料理，同样都会被当作主菜端上餐桌。土苹果色拉在巴尔干半岛多半会添加柠檬汁、洋葱及油腌制，制作慕沙卡时，会将土苹果、茄子、绞肉层层堆积。甜品受到了东方的影响，如蜜糖蛋糕、薄面卷饼、苹果盅、名为巴卡拉（baklava）的果仁千层酥、核果面、牛奶粥等。

塞尔维亚菜是巴尔干料理中最重要的分支之一，它是一种乡村风味的农家料理，其特色是有许多“一口食物”，如奶酪、橄榄、烤熏肉、辣青椒、巴尔干甜椒酱（ajvar）等，蔬菜、烤肉、大锅菜、鱼（尤其是河鱼）、香肠、火腿和许多以奶酪、肉或蕈菇为馅且味道浓郁的小馅饼。甜品则源自土耳其东方的传统，会添加核果、水果、杏仁和大量的糖及蜂蜜。

土耳其菜历史悠久，是从过着游牧生活的突厥部落的简易料理发展而来的。从前土耳其人几乎只用羊油煮食，橄榄油是相对近代才开始食用。土耳其菜受到印度、波斯、伊斯兰—阿拉伯料理方式的影响。

土耳其料理中，有许多烘焙制品都是用酵母面团制成，如派饼（pide）、土耳其烤肉卷饼（lahmacun），还有一种容易消化的白面包。土耳其烤肉（kebap）尤其受到欢迎，可以佐米饭、色拉、番茄酱、酸奶，偶尔也会用重度辣味调味。色拉多半用橄榄油与柠檬汁腌制，用餐时也少不了橄榄和羊奶酪。土苹果往往以薯条的料理方式端上餐桌，但土耳其也发展出自己的土苹果料理。

大锅菜汤（Vipavska orba，塞尔维亚）

酸白菜六百克切细丝、土苹果五百克去皮，菜豆三百克泡软，油一百克，面粉二十克，熏猪腰肉（Kaiserfleisch）五百克，鲜奶油若干，洋葱一个切细丝，蒜瓣三枚剁细末，桂叶三片，胡椒粒、盐。酸白菜和调味料拌匀，菜豆和土苹果分别煮软后，将菜豆压成泥，将土苹果切丁，熏肉煮软后同样切丁，面粉和油及洋葱炒成油煎面糊，加入蔬菜和熏肉，并淋上熏肉汤，煮五至十分钟，食用前在每盘汤上加入一匙鲜奶油即可。

伊斯特里亚饺（Idrijski Žlikrofi Istrische Nocken）

面团：面粉七百克，蛋四枚，盐、水适量。内馅：土苹果五百克水煮去皮，卡尔尼拉猪肉香肠（Krainer Würst）两条或腌熏绞肉三百六十克，小洋葱一个切丁，油一百克，欧芹切细末，盐、胡椒适量。将面团的材料混合均匀，揉成中等硬度的面团并静置醒面。趁热将土苹果过筛，将洋葱在油中爆炒至透明状，再加入所有的内馅材料混合均匀。将面团擀成两大片面皮，取咖啡匙一只舀起内馅，以固定的行间距放在其中一片面皮上，再覆盖上另一片面皮，以模型压成饺子，在盐水中煮二十至二十五分钟，然后沥去多余水分，淋上热奶油并撒上烤面包丁，佐生菜色拉食用。

炸薯饼（Poga ice od krompira，克罗地亚）

土苹果五百克，面粉两百克，蛋两枚，奶油六十克，盐、油（可以混入动物油）适量。土苹果在盐水中煮熟后去皮过筛，再加入其他材料揉成面团，将面团擀成一点五厘米厚，再用圆形的饼干模子压成圆饼状，在热油中炸熟。此薯饼宜佐各式浓稠酱汁的牛肉与野味料理。

土苹果炖肉（Bogra，斯洛文尼亚）

猪肉、牛肉及野味各三百克切块，油三汤匙，洋葱一千克切小块，蒜头五瓣压碎，红椒、青椒各一个切成长条状，番茄酱两汤匙，月桂叶一片，红辣椒两根切片，土苹果五百克去皮切块，不甜的红酒两百五十毫升。洋葱在油中爆香，加入红椒粉及牛肉并加水稍加炖煮，之后再加入其他肉类续煮一小时，最后加入土苹果、红椒、青椒及其余食材，续炖一小时即可。

豌豆土苹果（Patates gyemei，土耳其）

大的土苹果五个去皮切片，洋葱一个切细丝，番茄酱一咖啡匙，冷冻豌豆一小包，橄榄油、绞肉三汤匙在热油中炒熟。洋葱在少许橄榄油中爆香，然后加入番茄酱，淋上约半升的水，再加入绞肉及土苹果，煮至土苹果变软，起锅前加入豌豆同煮。

土苹果烩鸡肉（Tavuk yahni，土耳其）

鸡胸肉四块去皮，鸡汤半升，小红葱头二十颗去皮，蒜头五瓣剁细末，番茄酱一咖啡匙，土苹果六颗，每颗切成四等分，橄榄油。起油锅爆香红葱头及蒜头，加入番茄酱拌匀，再放入鸡胸肉稍煎一会儿后，倒入鸡汤盖过所有食材，取土苹果放入锅中以小火烧约二十分钟。

千层土苹果（Patates oturtmasi，土耳其）

土苹果七百克去皮切片，绞肉两百五十克，番茄两个去皮去籽切块，欧芹剁细末，番茄酱一汤匙，洋葱一个切细丝。土苹果片在热油中炸至金黄，洋葱爆香并加入绞肉翻炒后加盐调味。取一只平底锅以一层土苹果片一层绞肉的方式层层堆积，最上层铺上番茄与欧芹。番茄酱加少许水拌匀后淋上，再以小火烧二十分钟即可。

烤肉佐炸土苹果片（Dulbastija，萨格勒布[1]，约1955年）

肉用盐、胡椒和少许甜椒调味并淋上油，放在烤架上烤熟后，趁热盛放入盘中。取大土苹果一个去皮并切成细片，在热油中炸到上色，然后加入切成条状的绿辣椒及洋

[1] Zagreb，克罗地亚的首都。

葱，最后加入去皮去籽切成丁状的番茄及盐与胡椒，再沥去多余的油脂，将土苹果及所有食物铺在烤肉上即可。

烤土苹果鸡（Pile s bira，保加利亚）

小母鸡一只，从腹部中心纵切并向外翻开，土苹果去皮切成比薯条粗的条状五百克，奶油一百克，淡啤酒半升，奥勒冈[1]（Oregano）、盐适量。土苹果放入烤箱，将五十克奶油切成小块后一并加入，并加盐调味。鸡皮外层抹上盐与奥勒冈，将其切开面朝下铺在土苹果上并淋上啤酒，加上五十克奶油后以一百八十度的温度在烤箱中烤半小时，之后将鸡翻面续烤半小时。从烤箱取出后立即享用为最佳。

鲜蔬土苹果烤肉（Gyuvetch，保加利亚）

瘦肉（羊、猪或牛肉）五百克切片，洋葱两个切细丝，罐头菜豆两百克，土苹果五百克去皮切丁，秋葵五百克煮熟，番茄三个去皮切丁，红萝卜两根切细丝，甜椒一个切丁，盐、胡椒适量，橄榄油三汤匙。肉在热油中煎香，蔬菜混合均匀并加盐调味，肉及肉汁和蔬菜置于耐火的烤盘中，再撒上甜椒。将水注入烤盘中淹过所有食材，在烤箱中以

[1] 编注：草本植物，开白花，可用于烹调，风味很强。

两百度的温度烤两到三小时，烘烤其间不时翻搅食材，在最后熟成阶段再次调味即可。

锡本布尔根[1]土苹果

土苹果七百克去皮纵切成片，羊奶酪两百五十克，鲜奶油三百毫升，奶油一百毫升，面包粉、盐适量。土苹果片在盐水中煮熟后滤去水分，烤盘上抹上奶油，撒上面包粉。先将土苹果一层层排在烤盘上，淋上奶油，再铺上羊奶酪并淋上鲜奶油，之后在烤箱中烤至表皮呈浅棕色即可。

[1] Siebenbürgen，即特兰西瓦尼亚（Transilvania），指罗马尼亚中西部地区。

匈牙利

匈牙利菜源自乡间农家传统，以大锅菜料理为主。大草原上为数众多的牧羊与牧牛人，只能靠着炉火上的一只锅子准备餐点，而贵族及大地主家中的料理，则受到意大利与法国菜强烈的影响。最初带来这种影响的是1458—1490年执政的马加什一世国王（König Matthias I）与比阿特丽克斯·冯·阿拉贡（Beatrix von Aragon）王后在1476年举行的婚礼，王后带着意大利厨师与糕点师随行，也将从姐姐伊利欧娜处得到的洋葱和蒜头引进匈牙利。16世纪时，匈牙利有法国厨师为贵族效力。18世纪初，反对奥地利哈布斯堡王朝、领导匈牙利战士争取自由的弗朗西斯·拉高基二世（Franz II. Rákóczi）也有法国厨师。土耳其料理被调整为合乎匈牙利人的口味，并将之改变为当地料理。而维也纳自18世纪下半叶就存在的平民料理，在匈牙利及其他东欧地区的发展则相对晚一些。

今天，匈牙利料理的特色是青椒，它在17世纪下半叶被农民阶级认为是价廉味美的香料而乐于享用，许多匈牙利料理将青椒结合酸奶油，发明出独特的风味。在杂烩或大锅菜方面，则以匈牙利炖肉（Gulasch）最负盛名，虽然匈牙利有许多出色的牛肉炖汤料理（Tokany-Gerichte），但其知名度几乎都无法跨越国界。

在匈牙利料理中，鱼类也占有举足轻重的地位，其中以出自匈牙利也是中欧最大湖泊——巴拉顿湖（Balaton）的白梭吻鲈为主，匈牙利鱼汤（halázlé）获得广泛的国际认可。在油锅中炸薄饼（Langós）佐蒜头、鲜奶油或奶酪；肉卷及蔬菜卷和什锦炖菜（lecsó）；各式蔬果料理如镶彩椒、南瓜、茄子、番茄及葡萄叶卷；煎薄饼、水果卷饼等甜品，这些都让人回想起这个国度的大部分地区曾长时间受土耳其统治。而樱桃、玉米与咖啡的引进，也要归功于土耳其人。

虽然玛丽娅·特蕾莎女王在匈牙利为推广土苹果的耕作费尽心力，但此块茎还是到了19世纪才渐渐被接受可以当作食物，此后它就成为许多料理必备的食材。20世纪初，匈牙利人开始在炖肉（也就是炖肉汤）中加入土苹果，使这锅杂烩不仅更添风味，营养也更为丰富。

在《密什科兹[1]的家庭主妇》（*Miskolcer Hausfrau*，1816/1818年）中，已经找到上百道土苹果食谱，以生的、水煮或烘烤的方式再做加工。它可以做成面包、薯泥、咸圆饼、煎薄饼、团子、面条、汤（不论浓汤或清汤、荤汤或素汤）及蔬菜等各式料理。大约1830—1840年间，在匈牙利西部及佩斯（Pest）一带的平民餐馆，在菜单上已可点下列料理：土苹果汤、土苹果蔬食、土苹果佐鱼、佐肉排或土苹果色拉。20世纪初期，土苹果在匈牙利的平民家中已广为流行。伊莎贝

[1] Miskolc，匈牙利第三大城，位于该国东北部。

特·柯玛莉（Erzsébet Komáry）的《平民食谱》（*Bürgerlich Kochbuch*，1906 年）中，列举出以土苹果制成的两道汤、四道蔬食料理、三道面食、三道配菜（炸薯片、薯泥、生薯片）、一道色拉和一个蛋糕。

土苹果团子（Krumplis gombóc）

两颗带皮的大土苹果煮熟，奶油一汤匙，蛋一枚，盐、面粉（量的多少视口味添加）。土苹果趁热去皮并压成泥，加入奶油、蛋、盐与面粉后揉成面团，再取小块揉成小团子放入盐水中煮熟，可加入牛肉汤中作为配料。

蔬菜炖牛肉汤（Bograćsgulyás）

洋葱两个切细丝，油两汤匙，牛肉一千克切块，牛心两百克切小块（视喜好添加），蒜头两瓣拍碎，藏茴香（Kümmel）、盐、甜椒粉一汤匙，青椒两个切成长条状，土苹果四百五十克去皮切丁，面疙瘩。洋葱在油中爆香至色呈透明，加入肉类翻炒后焖煮十分钟，再将锅离火放入香料及青椒搅拌均匀后，加入热水煮至肉类软中带嚼劲，在所有食材将完全煮软前，放入面疙瘩。若嗜辣可加入子弹椒（Kirschpaprika），盛入深汤盘或小锅中趁热食用。

土苹果面疙瘩佐羊奶酪（Dödöle）

土苹果三百五十克刨丝，面粉一百八十克，油一汤匙，羊乳奶酪抹酱一百二十克。三升水中加盐煮沸，土苹果和面粉及盐拌匀，以汤匙一一挖起核果大小的面团放入水中煮十分钟，以漏勺将面疙瘩捞出并调味。起油锅，放入面疙瘩和捏碎的奶酪，边搅拌边加热至沸腾后立即享用。

烤薯泥（Ropogós burgonyapüré）

土苹果四百五十克带皮煮熟，蛋两枚，奶油两汤匙，欧芹剁细一汤匙，盐、胡椒、涂抹烤盘的奶油适量。土苹果趁热去皮并过筛，使之稍微冷却（加入蛋时才不致结块）后和所有材料混合均匀，分别放入抹上奶油的小烤模中，以一百九十度的温度烤十分钟后，将之脱模并作为炸物的配菜。

酸味土苹果蔬食（Savanyú burgonyafözelék）

土苹果六百八十克切块，月桂叶一片，胡椒粒、盐适量，油三汤匙，面粉三汤匙，小洋葱一个切细丝，鲜奶油半杯，糖半汤匙，白酒醋一至两汤匙，欧芹。土苹果丁和月桂叶、盐及胡椒在水中煮至半熟。热油锅，将面粉和洋葱炒至浅褐色，加入些许水搅拌均匀，再将之放进土苹果中以文火煮熟，其间不时搅拌。鲜奶油、糖、欧芹与醋依个人口味添加，再次煮沸后即可享用。

立陶宛土苹果咸派（Liptói burgonya）

土苹果一点三千克连皮煮熟，盐、羊乳奶酪抹酱，奶油一百八十克，腌渍入味的熏肉一百二十克切丁，莳萝一汤匙剁细末，面包粉六十克。土苹果去皮切片，奶酪捏碎，一起拌入一百二十克融化的奶油。熏肉丁在平底锅中煸出油脂，将酥脆的肉丁渣和奶酪拌匀，再加入莳萝。取蛋糕烤模一只抹上奶油后撒上面包粉，将土苹果奶酪倒入烤模中，在预热的烤箱中烤三十分钟，像切蛋糕般切分食用即可。

千层土苹果（Rakott krumpli）

小颗土苹果一点三千克连皮煮熟，盐适量，全熟鸡蛋六枚，火腿一百五十克，香肠一百五十克切片，鲜奶油一杯，红椒粉一汤匙。土苹果去皮切片，鸡蛋剥去外壳切片。取耐火烤的容器一只抹上奶油，底部铺上土苹果后撒上适量的盐，淋上融化的奶油，再铺上一层火腿，然后以一层土苹果一层香肠、一层土苹果一层鸡蛋的方式层层堆积，最上层必须是土苹果。然后淋上剩下的奶油与鲜奶油并撒上红椒粉。在预热的烤箱中烤三十分钟即可。

匈牙利土苹果炸饼（Burgonyalángos）

大土苹果四个连皮煮熟，微温的牛奶一百一十毫升，干酵母粉半包，糖半咖啡匙，面粉三百七十五克，盐、炸油适量。土苹果趁热去皮并过筛后待其冷却，牛奶、酵母、糖和两汤匙面粉混合均匀，在温暖处静置发酵十分钟，再加入土苹果、盐与剩余的面粉，将面团彻底揉匀后，静置发酵四十五分钟。在撒上面粉的台面上，将面团擀成约一厘米厚的薄饼，再切成同样大小的面饼，用叉子在面饼上戳洞后，放入热油锅炸至金黄色，食用前抹上蒜泥即可。若将此饼撒上辣椒粉与盐，则称之为“轻骑兵土司”（Husarentoast）。

土苹果卷（Krumplis rétes）

土苹果四百五十克连皮水煮，鸡蛋四枚，将蛋黄与蛋白分开，柠檬一个取皮切细丝，奶油一百一十克，去皮杏仁、盐少许，糖两百五十克，香草糖粉一包，融化奶油适量，千层派皮一包。

土苹果趁热去皮并过筛后待其冷却，将蛋黄打发，加入柠檬皮与土苹果由下往上以同一方向慢慢搅拌均匀，蛋白加入盐及糖打至干性发泡，并分数次拌入蛋黄糊中。千层派皮涂上融化奶油，将土苹果蛋糊平均分摊在千层派皮上并将之卷起，再放入抹好奶油的烤盘，涂上奶油后，缓缓放进预热的烤箱烘烤即可。

斯洛伐克

土苹果在斯洛伐克最初就是一道独立的料理，当地人以水煮和油炸的方式烹调。加盐调味的土苹果会佐奶油、猪油，或佐酸白菜、羊乳奶酪抹酱、红椒香肠、逼出油后的香酥肉丁食用。斯洛伐克的国菜是用面团制成面疙瘩，并和放在锅中的加盐水煮土苹果丝、鸡蛋、羊奶酪抹酱或白菜一起享用。

斯洛伐克料理和捷克菜差异极大，一大原因是此国长期隶属于匈牙利王国。正如在匈牙利一样，这里也栽种葡萄。鱼类在斯洛伐克菜中拥有极高的地位（尤其是鳟鱼和鲤鱼），玉米饼和蒜头也扮演着重要的角色。

土苹果可做成饺子馅，也可以制成薯饼和汤或用来使配菜更显浓稠，土苹果煮汤在斯洛伐克已发展成为传统料理。本来以豆类、菇类、甘蓝烹煮成的汤品，加了此块茎后营养更为丰富，且多半佐面包食用。直到进入 20 世纪，在较贫困的地区，洋芋薄饼和洋芋煎饼都还是人们的主食。

到了 20 世纪下半叶，薯条和洋芋片（加红椒与茴香增加风味）这两道新兴土苹果料理才通过旅游引进，丰富了当地的菜单。油炸土苹果可佐美乃滋与番茄酱食用，或作为肉类的配菜。

羊奶酪面疙瘩

土苹果一千克，面粉五百克，羊奶酪抹酱四百克，腌渍入味的熏肉一百五十克，蛋一枚，盐适量。土苹果去皮磨碎，加入蛋与面粉搅拌均匀并调味，以汤匙挖出面疙瘩放入盐水中煮熟后捞起。熏肉切丁在锅中逼出油脂，再放入面疙瘩稍微翻炒后，佐细碎的羊奶酪食用。

南斯洛伐克的佳肴

土苹果五百克水煮去皮趁热过筛，粗面粉一百克，粗磨杜兰麦粉（Grieß）两百克，自制水煮香肠，蛋两枚，油四十克，洋葱一个切细丝，煮软的酸白菜六百克，熏肉六十克，鲜奶油一杯，盐适量。土苹果和粗面粉、粗磨杜兰麦粉、盐、蛋揉成面团并擀成厚面皮，在面皮中间放上去皮香肠后卷起，以小火在盐水中煮约三十分钟。洋葱在油中炒至金黄后加入酸白菜加热。将酸白菜分配至餐盘中，香肠卷切片铺于其上，佐逼出油脂的酥脆熏肉丁与鲜奶油食用。

土苹果汤（Èngov）

土苹果去皮切成薄片五百克，洋葱五十克切细丝，蛋一枚，油、彩椒、盐、研磨藏茴香、胡椒、墨角兰、葱、面粉、盐适量。洋葱在油中爆香至色呈透明，放入彩椒与土苹果并调味，加水煮至土苹果变软。以蛋、水、面粉与盐制成的面糊，再用咖啡匙挖出少量面团放入汤中，煮至面疙瘩浮起，再次调味并撒上葱花即可。

捷克

捷克料理有悠久的传统，可追溯到中世纪，境内波希米亚（Böhmen）和摩拉维亚（Mähren）两大地区有各自独立的料理传统，然而在烹饪艺术上占据优势地位的还是布拉格，因穆尔道河地利之故，捷克首都得以和德国东部的萨克森州与波罗的海港口保持密切往来。在哈布斯堡皇室的统治下，德国的影响与日俱增，推动了波希米亚作家马格达莱纳·多布罗米拉·瑞堤葛瓦（Magdaléna Dobromila Rettigová，1785—1845）食谱的出版。此食谱在哈布斯堡王朝译成德文广受好评，除了有助于在维也纳的波希米亚女厨师外，在波希米亚料理进军维也纳厨房方面，也是有力的推手。然而，瑞堤葛瓦的食谱从没计划仅作为波希米亚的民族食谱，和所有当时出版的食谱一样，它针对的对象是社会地位较高的市民阶层。

捷克菜和南德料理关系密切，餐桌上总有丰富的肉类（牛肉与猪肉）。和巴尔干半岛不同的是，在地方膳食中，肉类料理占据优势地位，耕地作物、水果与蔬菜丰富了菜单。浆果、蕈菇类与野味均来自森林，鱼类料理虽有其传统，但不常出现在菜单上。圣诞节时，波希米亚地区的人们会将鲤鱼裹粉油炸后享用；佐（以根茎类蔬菜制成的）酱汁的料理会和（以酵母面团和面包丁制成的）波希米亚馒头（böhmische Knödeln）一起享用；肉类料理则用原肉汁佐土苹果或薯泥，土苹果色拉可以作为配菜，但加上美乃滋和其他食材，则可作为冷食主菜。“夹心薄片”（Belegte Schnitten，即面包）在此也大受欢迎，薄片抹上奶油，并夹上肉类色拉、布拉格火腿、匈牙利萨拉米（Salami）香肠、镶蛋与鱼子酱（代用品），外加适合的装饰性配菜端上餐桌。

藏茴香、墨角兰、欧当归（Liebstöckel）与多香果（Neugewürz）是主要香料，蒜头也非常受到欢迎。当地特色料理非猪排佐酸白菜与波希米亚馒头莫属。土苹果煎饼是咸食，多半会抹上蒜泥食用，在餐厅常用来作为配菜。Škubánky，即用土苹果、面粉和油制成的面疙瘩，可以佐罂粟籽和糖（甜口），或水煮后在油锅中煎至金黄色，之后加盐调味（咸口）。水果团子的面团往往是用土苹果制成的。

甜点非常多样化，酵母面团特别受欢迎，最为著名的莫过于李子酱脆皮面包（Powidltascherln，此甜点在奥地利比捷克更为常见）、小圆甜面包、甜蒸包（Germknödel）、李子馒头（Powidlknödel）、果酱小饼（Kolatschen）与波希米亚松饼（Dalken，又名为 Liwanzen）。

布尔诺[1]汤（1980 年）

胡萝卜两根，大头菜两颗，欧芹两根，青蒜一根，土苹果五至六个切成小块后，在一百二十五克的奶油中慢火炒香，再淋上二点五至三升醇厚的牛肉高汤煮半小时，之后撒上面包丁享用。

波西米亚式土苹果馒头（Böhmische Erdäpfelknödel）

去皮土苹果六百克，粗磨杜兰麦粉一到两汤匙，面粉适量，蛋一枚，盐少许。土苹果趁热压成泥，撒上粗磨杜兰麦粉，待其冷却后和其他材料揉成软硬适中的面团后，再将之搓成两条直径六厘米的面团，放进沸腾的盐水中煮约十五至二十分钟后捞出，切成两厘米厚的片状，宜佐牛排配上根茎类蔬菜调制的酱汁。

土苹果酸白菜汤（Coura ka）

酸奶五百毫升，鲜奶油两百五十毫升，酸白菜两百五十克切细丝，奶油三十克，面粉二十克，去皮土苹果两百五十克，盐与胡椒适量。酸白菜在盐水中煮软，土苹果切块同样在盐水中煮十分钟，将土苹果捞起放入酸白菜锅中。酸奶、鲜奶油、面粉搅拌均匀后拌入酸白菜中，煮

---

[1] Brünn，捷克的第二大城市。

至沸腾再用奶油提香并调味。

波希米亚土苹果（1880年）

土苹果六百克水煮去皮切片，油两汤匙，面粉二十克，骨头高汤五百毫升，醋一汤匙，兹诺伊莫腌渍酸黄瓜（Znaimer Gurken）五十克切片，香肠（或熏肠）两百克切丁，蒜头一瓣切细末，鲜奶油两汤匙，盐、胡椒、墨角兰适量。热油锅，将面粉炒至茶色并淋上沸腾的高汤，搅拌均匀后煮十分钟，放入土苹果后续煮十分钟，再加入香肠、黄瓜与香料并加醋调味。深盘中放入些许鲜奶油，再将此汤沿盘缘缓缓倒入即可。

土苹果佐烤肉（布尔诺，1843年）

土苹果水煮去皮后切片，肉排拍打后在热油锅中略煎。烤盘上抹上足量奶油，铺上土苹果，再依序铺上切成薄片的奶油、切丁的鳀鱼、鲜奶油与肉排等，最上层必须是土苹果，再淋上肉排原汁后在烤箱烤半小时即可。

波兰

波兰料理的发展是虎头蛇尾式的，起初发展蓬勃，后来却仅停留在家常菜的水平。14 世纪时，在带领波兰成为强国的卡齐米日三世（König Kasimir III.）的统治下，波兰菜就已颇负盛名。1364 年，卡齐米日在克拉科夫（Krakau）举行君主高峰会议，塞浦路斯（Zypern）的彼得一世（Peter I.）国王前来与会，也带来了拜占庭的厨师与东方的饮食习惯，而卡齐米日在他的宫廷中极力推崇意大利料理，此后这两种料理使波兰菜在当时名满天下，在 15 世纪与 16 世纪的食谱中，将波兰料理视为首屈一指的料理。

在波兰有四大“菜系”：南部山区菜、波罗的海沿海地区菜、来自东方（立陶宛、俄罗斯）的农庄菜以及城市餐厅菜。在 1700 年以前，波兰料理受到德国的影响非常大，1532 年，《烹饪大师》（*Kuchelmeisterei*）被译成波兰文。当萨克森选帝侯奥古斯特三世（August der Starke）被选为波兰国王时（1733 年），他带来了法国厨师，因此波兰菜也受到法国料理的影响。和其他国家相反的是，波兰人强调其高级料理（haute cuisine）源自乡村农家，以此缅怀他们第一位君主出身于农家。

毕高斯（bigos，一种野味炖肉大杂烩）、巴巴酵母蛋糕（baba-Kuchen）、波兰番茄牛肉酱（sauce polonaise），以及各种香肠都是波兰古老的风味菜，尤以波兰熏肠（kielbasa krakowska，克拉科香肠，即用火腿制成的香肠）最负盛名。因为汤在波兰人一天的主餐（午餐）中是不可或缺的，因此波兰菜中有丰富的汤品食谱。这些汤的主要食材多半是腌黄瓜、薏仁、酸白菜或红甜菜，而作为基础食材的大多是猪肉、熏肉或牛肉高汤。土苹果也可作为带有酸味的五谷浓汤的材料。

土苹果在波兰是仅次于甘蓝的蔬菜，它会以薯泥、水煮土苹果块佐盐与欧芹或土苹果团子的姿态呈现，波兰土苹果饺（kopytka）及土苹果小团子水煮后拌入奶油、砂糖与肉桂食用备受青睐。肉类在波兰尤其扮演着重要角色，鹅和鲤鱼是节庆时的常见料理。墨角兰、藏茴香、蒜头、杜松果（Wacholder）和月桂是最为常用的香料。

薯丝煎饼（Placki kartoflane）

土苹果七百克去皮，面粉三十克，盐、胡椒适量，蛋一枚打散，蒜瓣一枚拍细末，炸物混合用油（Öl-schmalzmischung）。土苹果刨丝、挤出水分并和其他食材混合均匀。油加热，舀一汤匙薯丝面糊放入油中并压平，每一面煎约四分钟。在纸上吸去多余油脂后，佐鲜奶油食用。

镶土苹果（Ziemniaki faszerowane grzybami）

大土苹果六到八个，蘑菇一百克洗净切细丝，羊奶酪一百克，洋葱一个切细丝，奶油一汤匙，鲜奶油半杯，面粉一茶匙。土苹果连皮在盐水中煮熟并待稍微冷却后，纵向切半并将中间挖空。洋葱在奶油中爆香，加入蘑菇、羊奶酪及挖下来的土苹果拌炒均匀并调味，再将此作为馅回填至挖空的土苹果内。放入预热两百度的烤箱中烤二十分钟，鲜奶油与面粉拌匀，淋到镶土苹果上，再烤十分钟即可。

烤大杂烩（Duszone ziemniaki z grzybami）

土苹果一千克，各式新鲜菇类一千克，熏五花肉两百克，红萝卜两根，两个中型洋葱切细丝，盐、胡椒、油适量，水一百毫升，奶油奶酪抹酱一百克剁碎。五花肉切细丝，煸出油脂，加入洋葱煎至色呈透明。菇类洗净切细丁，红萝卜去皮切细丁后，加入洋葱锅中炒透，以盐和胡椒调味。再将土苹果去皮切成一厘米厚片，油和水放入厚重的锅中，然后交替放入土苹果及菇类，要注意的是最下层与最上层需皆为土苹果，再撒上奶酪并送进烤箱烤至奶酪融化且土苹果变软，即可趁热享用。

包馅土苹果团子（Pyzy nadziewane）

土苹果五百克，面粉三十克，洋葱半个刨丝，猪绞肉一百克煮熟，熏五花肉一百克切丁，高汤三汤匙，奶油两汤匙，盐、胡椒适量。土苹果连皮煮熟后去皮并过筛，和面粉、盐、胡椒揉成面团，绞肉、洋葱与汤混合均匀，将面团分成数等份，压平、包入馅料后揉成圆球状，在盐水中煮约七分钟后捞出，熏肉丁在奶油中爆香后淋至团子上即可。

布雷斯劳[1]土苹果汤

土苹果五百克去皮切块，牛肉高汤一升，洋葱两个切细丝，煮汤用的蔬菜或香料[2]一株洗净切细末，布列斯劳

---

[1] Breslau，波兰第四大城市，波兰语为 Wrocaw，亦译作弗罗茨瓦夫。

[2] Suppengrün，是烹调汤品时加入的香料与蔬菜的总称，包括根茎类蔬菜如萝卜、芹菜、大头菜，也包括洋葱、青葱等葱科植物及香辛料如欧芹、百里香等。

小香肠三根，盐、胡椒、欧芹、葱适量。土苹果在汤中煮至沸腾后，加入煮汤用的蔬菜、香料、洋葱和小香肠后，续煮约十五分钟。将蔬菜和小香肠捞出，汤和土苹果打成浓汤后加盐及胡椒调味。再放入小香肠和蔬菜，撒上香料即可。

罗马尼亚

这个国度的边界划定一再变动，旧时西部地区属于特兰西瓦尼亚（Transilvania），亦是奥匈帝国的一部分。

罗马尼亚料理有两大分类：一是简便的家常菜，此料理至今仍居优势地位；另一则是餐厅打造的精致料理。这两大料理分类都呈现出地中海与东方烹调方式的元素。

烤肉串、蔬菜盅、菜肉焖饭（Reispilaw）和茄子都出现在罗马尼亚菜单上。此外，这个国家也出产上好的红酒和白酒。

传统上，餐桌会摆满用小碗、小碟装的各式小菜，永远不会缺席的是红辣椒。蔬菜杂烩、蒜味香肠、冬季酸汤与酸白菜盅同样受到欢迎。特兰西瓦尼亚的料理一方面受到少数的德意志上流阶层的影响，另一方面也受到匈牙利的影响。

土苹果浓汤（Sup de cartofi cu brînz）

土苹果四百克去皮切丁，红萝卜三根切丁，洋葱两个切细丝，奶酪（干酪或菲达干酪）、纯化奶油[1]五十克，葱一把切细末，欧芹切细末，牛肉高汤一点二五升，红椒粉、辣椒粉适量。纯化奶油加热并将洋葱和红萝卜丁爆香至呈褐色，加入土苹果丁与欧芹末，调味后加入牛肉高汤，煮三十分钟后，将汤打成泥并撒上青葱与奶酪丝搅拌均匀，趁热食用。

土苹果烩番茄（Cartof »Jiachni«）

土苹果一点五千克去皮切块，熟番茄一千克，洋葱两个切细丝，欧芹剁细末，橄榄油、盐、胡椒适量。洋葱在油中爆香，番茄去皮去籽打成泥，加入盐与胡椒后熬煮，再加入土苹果、欧芹及些许水后，以文火将土苹果煮至软及酱汁成浓稠状即可。

---

[1] Butterschmalz，又名澄清奶油或净化奶油，是指无盐奶油经加热后，分离出水分与乳固体，得到发烟点较高、油质更为清澈的油脂，尤其适于煎炸。

维也纳

“维也纳料理”一词首先出现在18世纪末的食谱文献中，指维也纳当地的料理，如油炸糕点和可以在罐中长期保存的料理(Einmachspeisen，如裹粉炸肉排、水煮牛肉、内脏、汤品)，还有匈牙利、南斯拉夫、波兰、意大利和波希米亚菜都引进到维也纳因而呈现出多民族国家在料理文化上的融合。为了适应维也纳人的口味，这些外来菜系都经过一些调整。上述所有国家的人，即使在维也纳的菜单中也能找到熟悉的家乡味道，但尝起来和家乡的也不一样，因为它们为了配合维也纳人的口味而失去了地道风味，但也不会因此变得无趣。匈牙利炖牛肉、绞肉、薄面卷饼（Strudel)、蛋卷煎饼（Palatschinke)、酥皮甜馅饼（Golatschen)、酵母面团料理、梅子酥饼（Powidltascherln）等都带有特殊的维也纳风味。

维也纳人对（牛肉）汤料与独创酱料（搭配几乎只佐薯丝煎饼的水煮牛肉）的制作能力出神入化，许多烧烤料理陆续成为维也纳市民阶层的特色菜，如红酒洋葱烤牛排、吉拉第煨烤牛排[1]、红酒蔬菜牛排（Esterházyrostbraten)、鳀鱼酱烧牛排

---

[1] Girardirostbraten，此牛排以维也纳演员亚历山大·吉拉第（Alexander Girardi）命名。其典故来自奥地利女演员凯瑟琳·席拉特（Katharina Schratt）在其宅邸中会预留一块牛排，以款待不吃猪肉的情夫奥地利皇帝兼匈牙利国王法兰兹·约瑟夫一世（Franz Joseph I)。有一天，不速之客吉拉第来访，因吉拉第不喜食牛肉，于是席拉特便吩咐厨娘巧妙地将牛排隐藏在各种食材之下，使之无法辨认出是牛肉，而据传此料理令吉拉第赞不绝口。做法是牛排裹粉后和洋葱同煎，再覆盖上蘑菇和酸豆（Kapern）在深色的肉汤中炖煮，再将酱汁勾芡并以芥末和柠檬汁调味。可搭配烤马铃薯、炸丸子食用。

(Sardellenrostbraten)、红椒牛排、番茄牛排、白酱牛排，还有纽伦堡、瑞典和俄罗斯牛排等，因为酱汁简单，所以人们增加欧芹土苹果或炒土苹果作为配菜。对于油炸的料理，最初是佐柠檬片和（炸）欧芹食用，后来人们渐渐发现土苹果色拉、薯泥或欧芹土苹果是佐维也纳炸肉排、奶油炸小牛排、炸牛肝和炸鸡的理想组合。

土苹果在维也纳逐渐成为一道重要的配菜，当土苹果食谱在许多国家（除了法国之外）依然相对简易时，在奥地利却已形成真正的“土苹果烹调大全”。虽然许多土苹果料理如薯条（pommes frites，在古老的维也纳食谱书中往往称之为 pommes de terre pailles）、招牌炒洋芋（pommes de terre à la maître d’hotel）、可乐饼（croquette）、酒醋凉拌土苹果沙拉（pommes de terre à la Dumas）、盐煎土苹果（pommes de terre sautées）、火柴薯条（pommes allumettes）、里昂式炒洋芋（pommes de terre lyonnaises）等都是从法国或比利时传到奥地利的料理，但在维也纳却发展出独到的做法，一部分用来取代粥或面糊，另一部分则发挥了隐藏在此块茎之中的各种可能性。1897 年，玛丽·冯·罗基坦斯基（Marie von Rokitansky）在其编写的食谱书中，列出下列土苹果料理和基本食谱：

葱油洋芋（abgeschmalzene Erdäpfel）、镶土苹果（ausgestochene Erdäpfel）、洋芋山（Erdäpfel Berg）、土苹果面包、土苹果清汤（Erdäpfel-Consommé）、薯排（Erdäpfel Cotelettes，即土苹

果做成肉排的形状，油炸后覆盖在蔬菜上）、烩墨角兰土苹果（eingebrannte Majoranerdäpfel）、酸黄瓜烩土苹果（eingebrannte saure Erdäpfel）、洋芋面疙瘩汤（Erdäpfel-Farferl-Suppe）、土苹果馅料（镶在鸭或鹅腹内）、煎土苹果、煨土苹果、镶土苹果（作为前菜或配菜）、炒洋芋、土苹果皇冠蛋糕、烤土苹果饺（gebackene Erdäpfel-Hütchen，白酱火腿馅 Béchamel-Schinken-Fülle）、白酱火腿土苹果、酸奶土苹果、新月土苹果（Erdäpfel-Kipferl，味咸香宜佐酒）、土苹果佐蒜及欧芹、土苹果团子（六种做法）、土苹果小团子加火腿或熏肉（作为汤料）、土苹果饺（Erdäpfel-krapfen 添加酵母，撒上帕马森干酪作为前菜）、冷食辣根薯泥、佐牛奶或热食（作为水煮牛肉的酱汁）、炸薯泥、藏茴香土苹果、小圆薯饼、鳀鱼土苹果饺、莳萝土苹果、鱼佐鲜奶油土苹果、酸豆土苹果（Erdäpfel mit Kapern）、萨拉米香肠佐土苹果、鳀鱼佐土苹果、火腿佐土苹果（两者在起锅前油煎后淋上鲜奶油）、土苹果面疙瘩、土苹果面条（三道食谱）、红椒土苹果、欧芹土苹果、土苹果煎饼（洋葱咸香味）、鲜蔬洋芋（汤料）、土苹果玉米饼（三种做法）、洋芋布丁、薯泥（也有佐苹果和梨子的食谱）、薯泥汤、火腿佐洋芋圈（Erdäpfel-Reif mit Schinken）、土苹果色拉（除了常见不加糖的做法外，还引进加凉拌专用植物油以及红酒醋的以色列式的仿苹果派的做法，以及加蒲公英、鲜奶油美乃滋、熏肉，切成小块佐米饭和加了酒、棕酱的普鲁士、俄罗斯式的热食做法）、洋芋酱（佐水煮牛肉）、酸味土苹果、火腿土苹果、土苹果酥皮馅饼（Erdäpfel-Schlangel mit Hirnfülle）、薯丝煎饼（三道食谱）、炒土苹果、土苹果好料理（土苹果烤火腿与牛舌馅）、烤薯饼佐茶、炒洋芋面疙瘩（三种做法）、土苹果卷饼、土苹果汤（六种做法，其中之一为匈牙利式的）、煎薯饼、土苹果蛋糕与小饼。

有趣的是，罗基坦斯基只在一道食谱上使用了德文概念，即马铃薯鸡蛋料理。

此外，还有其他奥地利地区，即今天称之为联邦的料理。主要的农家菜如面条、团子、煎饼、面疙瘩、大锅菜、粥、培根、猪肉、烟熏肉等，同样影响着维也纳的料理并消弭了阶级的界限。回顾维也纳料理的演变，可将之视为“平民化的宫廷料理”（奥地利人认为无须去追求太过复杂的料理）或“精致化的农家菜”。在信奉天主教的哈布斯堡王朝有许多斋戒日（每年约 150 天），也造就了独具特色的无肉饮食文化。

维也纳土苹果色拉（约1900年）

土苹果水煮去皮五百克，煮沸的牛肉汤一百二十五毫升，视口味偏好可加辣芥末少许，红葱头一颗切细丝，白酒醋、油、盐、胡椒适量。红葱头放入碗中并淋上牛肉汤，土苹果尽量趁热切片并加入红葱头中，再淋上油和稀释的醋，撒上盐后搅拌均匀（要注意的是，此土苹果色拉不可呈现“漂浮”状态），再撒上现磨黑胡椒即可。

酸黄瓜烩土苹果（约1880年）

土苹果五百克水煮后去皮切片，月桂叶一片，百里香少许，酸黄瓜两条切片，腌酸黄瓜的醋、油脂、面粉、牛肉高汤适量。面粉在油锅中炒成面糊，淋上牛肉汤，加入土苹果片、百里香、月桂叶后煮至软烂，当汤汁将烧干时重复淋上牛肉汤，最后再加上酸黄瓜，视个人口味酌量增加腌黄瓜醋调味。这道简易的料理可作为水煮牛肉的配菜，搭配黑面包即是简便的主餐。

薯丝炒饼

前一天煮好的土苹果五百克，洋葱一个切细丝，油、盐适量。土苹果刨细丝，洋葱在油锅爆香至色呈焦黄再加入土苹果丝，翻炒时留意勿使之成糊，再加盐调味。此炒菜同样可作为水煮牛肉的配菜，亦可在起锅前加入去掉肠衣的血肠同炒，如此就是受欢迎的“马铃薯炒血肠”（Blunzngröstl）。

土苹果饺（约 1890 年）

用黑麦面粉及小麦面粉各三百克，加上约两百五十毫升的水揉成面团，将之擀成约半厘米厚的面皮，再用直径十厘米的模子压出圆面皮。内馅做法为土苹果一千克煮熟，趁热过筛后，拌入用洋葱丁、欧芹、拍碎的蒜粒、盐和胡椒一起炒香的剁细熏肉一百克。用汤匙舀馅料置于圆面皮中间，再将面皮折起捏合，在盐水中稍煮约十分钟。使之迅速冷却后淋上融化奶油与帕马森干酪或撒上培根肉丁食用，宜佐生菜色拉。

墨角兰土苹果（约 1930 年）

土苹果六百克水煮去皮切片，油两汤匙，面粉二十克，高汤半升，醋一汤匙，酸黄瓜一百五十克切片，便宜的香肠两百克切丁，盐、胡椒、墨角兰适量，蒜头两瓣拍碎，鲜奶油一汤匙。面粉在油锅中炒成面糊，淋上热汤后搅拌均匀煮十分钟，再加入土苹果续煮十分钟，拌入香肠和黄瓜片，加盐、香料与醋调味，再加入鲜奶油拌匀即可。

红烧土苹果

土苹果五百克去皮切块，两个大洋葱切细丝，蒜瓣两枚拍细末，红椒粉、油脂、墨角兰、现磨藏茴香、醋、番茄酱、盐适量。洋葱在油中爆香至呈透明状，加入蒜头和红椒粉后，随即倒入水（或骨头高汤），再加入土苹果及所有调味料，煮至土苹果变软。可在红烧土苹果中加香肠丁或香肠片丰富味觉。香肠越多，红烧土苹果的味道就越浓郁。

土苹果团子

土苹果五百克水煮去皮过筛，盐、粗磨杜兰麦粉一汤匙，蛋两枚，面粉少许。将所有材料混合均匀，揉成软硬适中的面团。取小块揉成丸状，视丸子大小而定在盐水中煮约十至十五分钟。此团子宜佐烤猪排或烤乳猪及牛排佐根茎类蔬菜制成的酱汁。此团子内可以包剁细的香肠、熏肉或炸出油的肥肉渣，并佐酸白菜或包心菜色拉食用。若以杏仁与蜜枣为馅，则加上糖及在奶油中爆香的面包丁食用。

炸薯饼（1906 年）

土苹果五百克去皮，在盐水中煮软，并待热气散去，再用滤网将之筛入深碗中，并拌入奶油八十克及蛋黄两枚，再加入盐、肉豆蔻及少许动物性鲜奶油，揉成软硬适中的面团。将面团倒在撒上面粉的工作台上，将面团擀成手指般厚度，用烤模压出一个个小圆饼，在热油中炸至金黄，沥去多余油脂即可享用。

红椒洋芋（约 1890 年）

热油锅，加入红椒及切细的洋葱，待洋葱变成金黄色后，加入去皮切丁的土苹果，再用盐及藏茴香调味，盖上锅盖使土苹果丁焖软，其间要不时加入高汤。此料理可佐肝肠、煎香肠或热的维也纳细肠，也可作为早午餐食用。

瑞士

虽然瑞士人在1648年就取得政治上的独立，但这个国家的居民在烹饪上并未发展出当地的特色，而是和各州的发展不同形成不同的菜系。三大“菜系”（德国、意大利、法国）的料理，分别盛行于该国三大语言区。

伴随着文艺复兴与人道主义早期的影响，饮食主题一再受到讨论。但瑞士出版的食谱还是只探究该国各区（伯尔尼、弗莱堡[1]、苏黎世）的料理，直到19世纪下半叶，才出现强调“瑞士菜”的食谱书。

瑞士料理除了包括在欧洲各地广泛流传的丰富高山膳食（奶酪、干肉、森林莓果、牛奶）外，还受到萨伏依[2]及北意大利的影响。早期观光客经常来到瑞士，因此当地人很早就开始建造附带餐厅的舒适旅店，以款待最初的英国来客。这也开启当地糕点师傅和外国厨师的工作交流之门，外国厨师将自己的烹调知识带进瑞士。除此之外，瑞士人也推动铁路的修筑，主要的外籍工人来自意大利，他们也带来了简易且有饱腹感的膳食：意大利面和意式玉米饼。

---

[1] Freiburg，位于德国西南，是巴登－符腾堡州的一座城市，在17—19世纪期间，因三十年战争及与欧洲各国的冲突，曾先后归属于奥地利、法国、西班牙等国。

[2] Savoyen，法国地区名，包含了西阿尔卑斯山脉，即日内瓦湖以南与法国东南部的多菲内省（Dauphiné）以北地区，其历史上的版图分布于今天的法国、意大利与瑞士，相当于今天法国的萨瓦省及上萨瓦省。

观光业为瑞士菜带来某种“去州化”（entkantonalisieren）的影响，饭店和旅馆会特别提供和瑞士有关系的料理：干酪火锅、瑞士烤干酪、薯丝煎饼、巴塞尔姜饼（Basler Leckerli）和瑞士湖泊盛产的鱼。在家庭和小旅店的料理中有熏肉、奶酪和鲜奶油，虽简单但营养丰富。

玛努斯（Maluns，格劳宾登州[1]）

前一天水煮、去皮并刨丝（瑞士人有锋利无比的钢制刨丝器）的土苹果八百克，面粉两百克，盐适量，奶油一百二十克。面粉、盐与土苹果混合均匀，奶油放入不粘锅中使之融化，再加入土苹果，待其上色后，持续翻炒使之呈浅棕色，并形成小球状，宜佐煮熟的糖渍水果食用，也可舀一匙玛努斯浸在咖啡牛奶中享用。

洋芋咸蛋糕（Härdöpfelmuni，伯尔尼）

土苹果八百克去皮、水煮后趁热过筛，蛋黄三枚，蛋白打成蛋白霜，刨丝的奶酪八汤匙，鲜奶油三百毫升，奶油一汤匙，盐、胡椒、肉豆蔻适量。

土苹果和除了蛋白霜以外的所有材料拌匀，再加入蛋白霜由下往上以同一方向搅拌均匀，再倒入抹上奶油的烤盘中，在两百度的烤箱中烤约三十分钟。

薯丝煎饼

土苹果八百克去皮，盐适量，烹调用油四十克，油煎熏肉丁适量。土苹果刨丝拌入盐与熏肉丁，油加热至高

[1] Graubünden，位于瑞士东南部，以德语、罗曼什语及意大利语为官方语言。

温，再将薯丝倒入油锅中稍微压平，使之不要黏在锅缘，降低油温煎十二分钟，再翻面煎熟即可。

薯丝烤饼（Plain in Pigna，格劳宾登州）

土苹果八百克去皮刨丝，玉米糊两百克，面粉五十克，熏肉一百五十克切丁，火腿一百五十克切丁，牛奶少许，盐、肉豆蔻适量，熏肉片一百五十克，奶油五十克。土苹果丝和玉米糊、面粉、熏肉及火腿丁混合均匀，加入牛奶与香料。浅烤盘上铺上熏肉片，倒入拌匀的薯丝，再铺上将切成小块的奶油，在一百八十度的烤箱中烤一小时。可佐糖煮苹果、糖煮越橘（Preiselbeerkompott）或生菜色拉食用。

埃文达干酪土苹果汤（Emmentaler Erdäpfelsuppe）

土苹果一千克去皮切丁，洋葱一个切细丁，奶油两汤匙，青蒜两根切丁，红萝卜两根切丁，面粉少许，牛肉汤一点五升，鲜奶油四汤匙，墨角兰、欧芹剁细末，盐、胡椒、肉豆蔻、醋少许。

洋葱在奶油中爆香，加入蔬菜和牛肉汤，煮三十分钟后过筛。面粉少许和鲜奶油搅拌均匀后加入汤中并调味。宜佐烤干的面包丁，也可在汤盘中放上埃文达干酪片再淋上热汤。

伊比利亚半岛[1]

若不谈罗马人、阿拉伯人、犹太人和基督徒的影响，就无从谈论此地的料理，而且还得将因美西战争[2]、非洲及远东的殖民主义所带来的食物交流列入考虑。

当地的基督徒接受了北非伊斯兰教徒摩尔人碗中的料理，西班牙海鲜饭（Paelle）即是遗留下来的传统。颜色在料理中扮演举足轻重的角色：绿色、白色（甜米粥、鱼汤）和黄色（添加藏红花的米及鱼类料理）。鹰嘴豆、小扁豆（Linsen）和扁豆（Fisolen）烹制成的大锅菜，从古至今都极受欢迎，当地人还会烹煮咸味及甜味的面粉糊。许多料理都和面包或烤干面包有关，油炸甜点、杏仁糖膏和牛轧糖（Nougat）也是当地的特产。

葡萄牙控制了许多香料产地，1494 年，经教宗亚历山大六世协调，西班牙与葡萄牙两国签订瓜分新世界的托尔德西里亚斯条约（Vertrag von Tordesillas），除了巴西以外，葡萄牙人还分得了从非洲到东帝汶沿线盛产各种香料的国家。小豆蔻、胡椒、姜、咖喱、藏红花与胡椒也因此进入欧洲。

鲜鱼、鳕鱼干和蔬菜在餐桌上扮演重要角色，猪肉和香肠

---

[1] Iberische Halbinsel，位于欧洲西南角，岛上有西班牙、葡萄牙、安道尔等国及英国的海外属地直布罗陀。

[2] 编注：美西战争，指 1898 年美国为夺取西班牙属地古巴、波多黎各和菲律宾而发动的战争。

在冬季非常受欢迎。许多原本是地方性的料理逐渐成为全国性的美食，如家禽、排骨、蔬菜汤（用甘蓝和土苹果煮成）、鱼杂烩和米布丁等。

西班牙菜则受到个别且截然不同的地区的强烈影响，除了主餐会拖到很晚才吃以外，西班牙人在两餐之间喜欢吃各式小菜（tapas）或白面包夹风干火腿（Serranoschinken）或曼彻格起司（Manchego-Käse）制成的潜艇堡（bocadillos）。鱼类和大锅菜是巴斯克自治区（Baskenland）的特色风味，在卡斯蒂亚（Kastilien）盛行烤羔羊和乳猪，腊肠（chorizo）即一种辣味的红椒香肠颇负盛名。位于东部沿岸的第三大城市瓦伦西亚（Valencia），料理则以米饭如西班牙海鲜饭（paella valenciana）、阿利坎特海鲜饭（paella alicantina）为主。清新的冷汤（gazpachos）、炸鱼和伊比利火腿则是来自安达卢西亚（Andalusien）的风味菜。

加利西亚洋芋汤（Galicische Erdäpfelsuppe）

土苹果三百克切丁，洋葱一个切细丝，橄榄油少许，牛肉汤一点五升，红酒一百二十五毫升，盐、胡椒、青葱适量。洋葱在橄榄油中爆香后放入土苹果，再淋上牛肉汤与红酒，煮至土苹果变软，再调味并撒上青葱即可。

皱皮马铃薯（Papas arrugadas，加那利群岛）

土苹果一千克，海盐若干，柠檬两颗，干辣椒两根，蒜头一颗去皮，盐、辣椒粉、现磨藏茴香适量，橄榄油两百毫升，辣椒一根，白酒醋一百毫升。土苹果洗净放入锅中，再倒入海盐与水，盐的分量要多到使其能浮在水面上。待土苹果煮至变软后，滤去盐水并将锅子放到电炉上使多余水分蒸发，直至土苹果皮变皱。蒜头和所有调味料一起打成泥，加入三分之二的白酒醋，再慢慢倒入油搅拌均匀，视个人口味酌量加入剩下的醋，佐土苹果食用。

西班牙杂烩菜（Olla potrida，西班牙国菜，约1880年）

热锅中放入熏肉、奶油、欧芹、红葱头、甜椒、番茄、各种根茎类与蔬菜（切成条状），再加入切块的山羊肉、阉羊肉、牛肉、猪肉和家禽等肉类一起炖煮，直至所有食材变得软烂，再将用羔羊头熬煮的高汤与肉加入其中，此杂烩菜即大功告成。最后用盐和胡椒调味，佐盐煮土苹果食用。

波罗尼亚（Boronia，约 1890 年）

要做这道受欢迎的西班牙料理，需先将足量切细的蒜头放入橄榄油中煮沸，然后将蒜头取出，接着放入切块的茄子、南瓜及土苹果逼出多余的水分，用盐、多香果和少许藏红花调味，再加入热水，最后加入刨丝的白面包和藏茴香，如此一来，这道料理即呈粥状，用文火将面包丝焖透再端上餐桌。

拉里奥纳炖洋芋（Patatas a la Riojana，西班牙巴斯克自治区）

土苹果一点五千克切成不规则的滚刀块，香肠五百克切片，不甜的红酒两百五十毫升，橄榄油四汤匙，两个洋葱切细丝，蒜瓣两枚拍碎，青椒三个切成条状，脱水红椒六个切细丝，干辣椒两个磨碎，月桂叶一片，盐、红椒粉适量。洋葱、蒜头及青椒在油锅中慢火炒香，加盐调味并放入月桂叶与辣椒粉，当洋葱呈透明状时，加入香肠翻炒，当锅内食材呈深红色时，淋上红酒后熬煮一会儿，使汤汁变浓，再加入土苹果和脱水红椒，并加水至盖住土苹果块。盐与辣椒粉依个人口味添加。盖上锅盖后用文火焖煮，当食材呈橘黄色时则掀盖，大火煮三分钟，直到此大锅菜变得浓稠。静置放凉后，隔天再加温佐面包与生菜色拉食用。

辣烤鸡佐洋芋（Frango com batatas assadas，葡萄牙）

鸡一只，小个土苹果一千克去皮水煮，蒜瓣一枚压碎，白酒一百二十五毫升，盐、红椒粉、霹雳霹雳辣椒（Piri-Piri）橄榄油少许，月桂叶一片，水适量。

鸡切块并抹上调味料，在橄榄油中略煎，加酒爆香，送进烤箱烤至鸡将熟时，加入土苹果焖熟，偶尔加些水以防烤干。

鳕鱼炒洋芋（Bacalhau à Brás，葡萄牙）

泡过水的盐渍大西洋鳕鱼或鳕鱼干五百克，洋葱四个切细丝，土苹果五百克去皮切丝，蛋四枚，蒜瓣两枚拍碎，橄榄油五汤匙，欧芹切细末，胡椒少许。将泡水的鳕鱼干擦干并剥碎，蛋液中加入胡椒搅拌均匀，土苹果和蒜头用橄榄油炒过后盛出，再放入洋葱翻炒，鱼干和土苹果入锅拌炒，淋上蛋液并待其略为凝结，佐洋葱与欧芹食用。

胡荽炒洋芋（Batatas com coentro，葡萄牙）

当年出产的小颗土苹果十二个去皮，奶油三汤匙，橄榄油两汤匙，胡荽叶（Koriandergrün）十二株剁细末，盐、胡椒少许。

土苹果在盐水中煮熟，滤去水分并待其略为冷却。奶油和油在大型平底锅中加热后，放入土苹果翻炒至上色，再加入盐、胡椒与胡荽略微翻炒后，盛入预热的碗中趁热食用。

德国

理论上，“德国菜”并不存在，只是各区域和邻近国家有着相似的料理方式。如巴伐利亚和施瓦本一带借用了许多奥地利与瑞士的食谱，德国西南部则受到法国菜的影响，西部则有荷兰料理的元素，而东部菜则和东欧料理有其共同之处。

正如欧洲其他地区，直到19世纪，德国农民还是只能以粥、粗面包、团子和浓汤为营养来源，豆类、小扁豆、豌豆既丰富了菜单，对卡路里的增加也是很重要的。德国有大片区域位于北方，冬天也相对寒冷，一般来说，肉类、鱼类、奶油及鸡蛋都用来贩卖以增加收入，这类美味珍馐只有在特殊的节庆才会出现在农家的餐桌上，而肉类更是被视为上层阶级才能享有的美食。

德国人非常喜欢丰盛的料理，他们爱吃大量的酸白菜、猪肉、各式香肠与各种土苹果料理。沿海地区提供了不可缺少的鲱鱼，奶与奶制品也很重要，德国也以面包种类丰富闻名。德国人从前很少吃水果与青菜，于是20世纪初，德国的食谱作家感觉到有必要让德国人饮食更为健康，于是便出版了书名为《吃出苗条！》（*Iß Dich schlank*! 1927年）的营养学著作，书中提到应推动人们多吃蔬果。

不论过去还是现在，土苹果都是重要的食物，但最初它们在德国也跟在欧洲其他地区一样受到鄙视。在北德土苹果已享有主餐的地位，但在南德它们主要还是用来当作配菜，如水煮洋芋、团子、炒土苹果、油炸马铃薯或薯泥。

德国东部地区在20世纪经历了料理方式根本性的改变，因俄罗斯的占领，使东德无法和西欧有所接触，而由于外汇存底不足，这里的民生物资只能从东欧铁幕国家进口，且旅行也仅限于在这些国家内。因为西欧人都到意大利度假，因此像小麦片（Bulgur）这种克罗地亚料理，在东德的知名度较西欧高一些。计划经济体制是僵化的，这对创意料理无法产生助力，因为固定的价格与工资阻碍了对品质的讲究，但从国家的角度来说，却确保了国内食物的供给平均。当时，民生必需品的管理是如此“完美”，以致1953年6月17日，为供给问题爆发民变，俄罗斯的坦克车镇压了抗议民众，之后东德的食物供给质量虽依然不佳，但至少在量上是足够的。东德人的正餐都在食堂解决，因为这个体制非常关注职业妇女，她们应融入劳动过程中而非守在锅灶旁。

后来东德人终于可以出国度假，但也只限于在匈牙利、南斯拉夫和沿黑海诸国，这些地区的厨房中，对地中海色拉、烤蔬菜、红烧肉、鱼汤和东欧农家传统料理都不陌生。东德妇女在厨房灵活展现身手，除了旅游学来的厨艺外，“波美拉尼亚鱼子酱”（Pommerscher Kaviar，一种由鹅油与香料制成的面包抹酱）和“猴油”（Affenfett，熏肉佐香料与蛋）也备受青睐。俄国占领军引进了东欧酸辣汤（Soljanka）和罗宋汤（Borschtsch），而鱼汤、牛排、红椒肉排和烤肉串则是来自匈牙利与南斯拉夫。

土苹果色拉（东普鲁士）

土苹果一千克连皮水煮后切丁，水煮蛋四到五枚切丁，腌渍鲱鱼片切丁，酸黄瓜四根，胡椒、盐、鲜奶油、醋少许。所有材料放入大碗中，加入鲜奶油与醋搅拌均匀，撒上大量莳萝末装饰即可。此色拉不加鲱鱼时，适合佐肉类料理。

洋葱烤土苹果（Schnurr，东普鲁士）

土苹果一千克去皮刨丝，大洋葱两颗剁细丝，蛋两枚，盐、胡椒少许，面粉一百毫升，奶油一百毫升。所有材料混合均匀后，放进抹上奶油的烤盘内，并撒上小块奶油，送入烤箱中烤至金黄色。宜佐生菜色拉食用，亦可当作肉类料理的配菜。

煎薄薯饼（Buttermilchgetzen）

土苹果一点二千克去皮，盐少许，酸奶两百五十毫升，奶油八十克。三分之二的土苹果刨丝，滤去部分汁液，剩余的土苹果煮熟过筛后，加入生土苹果丝混合均匀，加入盐及酸奶调成浓稠的薯泥糊。平底锅内放入奶油加热，将薯泥糊放入锅中，煎成薄薯饼。趁酥脆时享用，亦可佐莓果果酱。

洋芋培根蛋饼（Hoppel-Poppel，两德分裂之东德地区）

土苹果八百克水煮去皮，培根一百克切丁，猪里脊肉三百五十克切丝，奶油一百二十五克，洋葱两个切细丝，藏茴香、墨角兰少许，蛋八枚，青葱一把切丁，盐、胡椒适量。土苹果切片并炸到香酥，在另一只稍大平底锅中炒培根与肉丝并调味。将肉和土苹果在两个平底锅中平均分配，淋上蛋液待其凝固即可盛盘并撒上青葱。佐色拉享用。

什锦蔬菜（1941 年）

西洋芹一株，红萝卜一千克，土苹果一千克去皮切丁，大麦一百五十克，熏肉一百二十五克切丁，盐、胡椒适量。所有蔬菜和熏肉一起翻炒，加水煮软并调味即可。

芜菁甘蓝大锅菜（1950 年）

芜菁甘蓝一千克去皮切块，土苹果五百克去皮切块，五花肉五百克切块，洋葱三个切细丝，油三汤匙，肉汤两百五十毫升，盐、胡椒、糖适量。洋葱和油放入大锅中炒至洋葱呈透明状，加入五花肉翻炒，再放入所有蔬菜、淋上肉汤并调味，煮一小时即可（烹煮期间需不时搅拌）。

洋芋汤（德国杜塞尔多夫）

大土苹果四个刨粗丝，骨头汤两升，蛋一枚，盐、肉豆蔻适量。土苹果和盐、蛋、肉豆蔻混合均匀，倒入沸腾的汤中稍作搅拌后，续煮几分钟即可。

柏林马铃薯汤

土苹果六百克去皮切块，根茎类蔬菜一把切块，洋葱一个切细丝，瘦熏肉六十克切丁，藏茴香若干，月桂叶一片，奶油三十克，欧芹剁细末，墨角兰、奶油、盐、胡椒、肉豆蔻适量，牛肉汤一点五升。

将一半的根茎类蔬菜和大部分的土苹果放入牛肉汤中，再加入熏肉皮和香料煮二十分钟后过筛。其他的蔬菜在奶油中炒香，并放入汤中煮三十分钟。熏肉和洋葱在奶油中炒至金黄色，撒上墨角兰后全部加入汤中，再调味及撒上欧芹即可。

柏林洋葱煮肉

洋葱八百克切片，羊肉一千克切丁，奶油六十克，盐、胡椒、墨角兰适量，月桂叶一片，蒜瓣两枚拍细末。洋葱在奶油中爆香后加入羊肉，加盐及胡椒调味，再加入各种香料后煮至沸腾，再以文火续煮一到一个半小时。宜佐“洋芋泥”，做法是土苹果在盐水中煮熟、去皮并加入少许肉汤略压成泥。在盘中将洋芋泥排成一圈，再放入羊肉即可。

法国

法国菜有着悠久的历史传统，结合了地域性的乡村风味元素，又受到王室和贵族的“大餐”影响。因地理位置（几乎涵盖所有欧洲气候类型）的缘故，法国人从过去到现在都能拥有多元又取之不尽的食物来源。有些法国历史学家如罗伯特·皮特（Jean-Robert Pitte）在解释法国人对美食的热情时，追溯到高卢人。因为有位时代见证者指出，在高卢，一块上好肉排和政治、社会是分不开的。后来，公元前 1 世纪的古希腊史学家斯特拉波（Strabon）及罗马学者马库斯·特伦提乌斯·瓦罗（Marcus Terentius Varro）描写了“高卢出类拔萃的饮食”，赞美那风味绝佳的香肠。罗马人把法国北部的鹅运往意大利并进口高级奶酪，而他们同样也影响着高卢人的饮食，使得当地的丰盛料理得以精致化。

法国国王亨利四世（1553—1610 年）的新娘玛丽·德·美第奇带来了意大利厨师，推动当地料理不断创新且走向精致，使法国菜往前跃进一大步，且这股动力至今依然持续。今天法国依然保留的农村庆典或闲暇时的欢宴，同样要追溯到高卢时期的传统。

精致的宴会取代了加洛林王朝[1]时期的暴饮暴食，人们从

---

[1] Karolinger，公元 751—991 年统治法兰克王国的王朝。

美洲新大陆带来了土苹果和各式蔬菜。在路易十四（Ludwig XIV.）统治期间，饮食活动具有特殊地位，礼节和餐桌礼仪备受重视。今天，我们无法想象没有葡萄酒的法国菜，葡萄酒不仅被当作饮品，还成为在酱料调制上必不可少的材料。自 17 世纪以来，葡萄的榨汁因科技的进步持续改良，这些技术上的创新与发明要归功于修道院，使葡萄酒的制作技术克服了民族大迁移的冲击。

1765 年，厨师博维耶（Beauvillier）在巴黎开了“布里昂”（Bouillon，法语意为“汤”肉）饭馆，它是现代餐厅的前身。17—18 世纪，法国人开始改变长期以来在料理中过度调味的习惯，强调食材的原味，如开始用红葱头、青葱、鳀鱼和松露等来提味。这使得法国厨师声名远播，法国外交官塔列朗公爵（Fürst Talleyrand，1754—1983 年）在参加维也纳会议（1814—1815 年）后自豪地宣称：“各位先生，你们拯救了法国！”

法国大革命期间，许多贵族遭处决或逃往外国，使得一流的厨师纷纷失业，于是他们便跟随博维耶的脚步开起饭馆来，如此一来，法国的烹饪术终于流传到民间。法兰西第三共和国（Dritte Republik，1870—1940 年）时期市民料理变化丰富，虽然这些变化提供了许多新的刺激，但在许多方面也过度夸张，因此促成了后来法国料理的改革与除旧。然而，法国菜中还是有土苹果食谱，但它并无悠久的传统，例如一般认为是地道萨伏依菜的法式焗烤马铃薯（Tartiflette），它其实是直到 1980

年才由瑞布罗申奶酪[1]行业协会（Syndicat interprofessionel du reblochon）所发明的料理，目的在于促进价格不菲的瑞布罗申奶酪的销售。

美食评论家亨利·高特（Henri Gault）与克里斯汀·米罗（Christian Millau）于20世纪70年代在法国发起“新厨艺运动”（nouvelle cuisine）并提出十大禁忌，吸引了所有欧洲料理追随：

菜肴不可烹煮过久；
应使用新鲜与优质的食材；
菜单不要过于繁复；
无须追逐潮流；
要不断尝试新料理手法带给你的启发；
应避免用腌渍、风干和发酵等手法。
应避开棕色及白色的酱汁；
要注意选择好的营养成分；
不要为了视觉效果而扭曲料理；
要富有创造力。

[1] reblochon，产自法国阿尔卑斯山附近，是用牛奶制成的软质干酪，自1958年起“萨伏依的瑞布罗申奶酪”此名称受到产地来源的保护。

因此，法国人以其料理自豪，这形成了他们对国家认同的一部分。选择上等的食材及地区性、季节性的产品，以及保留食材原味等原则备受重视。因荷比卢三国的料理深受法国菜的影响，在此也将列举这些地区的部分食谱。

熏鲑鱼薯泥浓汤（Velouté à la Parmentier au saumon）

土苹果五百克去皮切块，葱两根切丁，蒜瓣一枚拍碎，根茎类蔬菜一种切丁，法式酸奶油两汤匙，烟熏鲑鱼八十克，欧芹、盐、胡椒、奶油适量，蔬菜汤半升，月桂叶一片。葱蒜在奶油中爆香，加入土苹果和蔬菜。再淋上蔬菜汤并加入月桂叶，烹煮十五分钟后取出月桂叶并将汤打成泥，用盐和胡椒调味，再拌入法式酸奶油及欧芹。盛入汤盘中再用切成条状的烟熏鲑鱼及欧芹装饰。

烤肉末马铃薯（Haché à la Parmentier）

土苹果两百五十克去皮后在盐水中煮熟，奶油、鲜奶油适量，绞肉两百五十克，洋葱一个切细丝，蒜瓣一枚拍细，盐、胡椒、百里香少许，奶油、奶油块视喜好添加。奶酪刨丝，土苹果捣碎，加入奶油与鲜奶油调制成薯泥后调味。绞肉在奶油中翻炒并调味，放入深盘中铺平，再铺上薯泥与奶油块，视喜好撒上奶酪丝并烤成表面呈焦黄色即可。佐生菜色拉食用。

普罗旺斯马铃薯泥（Purée de pommes de terre à la provençale）

土苹果一千克水煮去皮并趁热过筛，橄榄油四汤匙，蒜瓣四枚切细末，牛奶一百五十毫升，盐、胡椒适量，罗勒一把切细末。橄榄油加热后加入蒜头略炒（蒜头颜色不可变深，否则会有苦味），牛奶煮沸，用电动食物搅拌棒将土苹果及牛奶和蒜头橄榄油搅拌均匀，调味后拌入罗勒末即可。

煎烤洋芋泥饼（Pommes Macaire）

土苹果一点二千克，奶油六十克，盐、白胡椒适量，奶油四十克。土苹果连皮在烤箱中以两百四十度烤三十分钟，趁热去皮并在大碗中用叉子将之压成泥，同时加入奶油并调味。在平底锅中加热一半的奶油，再加入一半的薯泥稍微压平并煎成金黄色后，翻面续煎至色呈金黄后将之保温。另一半奶油及薯泥亦煎成薯饼。此薯饼可整片亦可切块端上餐桌，宜佐野味。

烤薯饼（Pommes de terre Anna）

土苹果五百克去皮并切成两毫米厚的薄片，牛奶一百二十五毫升，盐、肉豆蔻、奶油适量。土苹果在抹上油的小烤盘中铺平，牛奶加热后放入奶油使之融化，调味后淋在土苹果上，并在预热两百度的烤箱中烤约四十五分钟。

焗烤镶洋芋（Pommes de terre farcies）

土苹果八个连皮煮熟，鲜奶油两百五十毫升，法式酸奶油八咖啡匙，烟熏鲑鱼八小片，混合香草四汤匙剁细末，刨丝奶酪（如格吕耶尔干酪[1]）四汤匙，盐、胡椒适量。

将土苹果切开一片做成上盖，再挖出部分果肉，果肉中拌入加热的鲜奶油并将之压成薯泥。每个土苹果中放入一咖啡匙的法式酸奶油，再铺上烟熏鲑鱼，薯泥和帕马森干酪搅拌均匀，回填到土苹果内，送入烤箱以两百度烤十五分钟。

雪山薯泥（Pommes de terre à la neige）

土苹果一千克去皮水煮后趁热过筛，牛油、鲜奶油一百五十克，盐、胡椒适量，秋鲑或鳟鱼鱼子酱七十克。土苹果在盘子上直接筛成山状，淋上融化的牛油及所有调味料并撒上鱼子酱。

斯特拉斯堡土苹果（Straßburger Erdäpfel，1890 年）

土苹果约三千克煮熟后去皮切片，然后将三个洋葱切细丝，连同生火腿丁在奶油中略煎，陆续加入面粉数汤匙炒香，以及些许牛排或鸡排的肉汁，还有相同分量的沸腾

[1] Gruyère，产自瑞士同名小镇，属半硬质奶酪，自 2001 年起获瑞士原产地命名控制保护。

牛奶与鲜奶油，一起调制成浓稠的白酱。再透过滤网过滤，并加入少许盐、白胡椒后撒上帕马森干酪丝。最后加入土苹果片及火腿丁和两到三条切成丁的鲱鱼干，将所有食材放入深盘中铺平后，撒上帕马森干酪，淋上足量的融化奶油，在烤箱中烤至金黄色即可。

法式焗烤马铃薯（Tartiflette）

土苹果一千五百克在盐水中煮熟，两个大洋葱切细丝，培根两百五十克切丁，法式酸奶油一杯，瑞布罗申奶酪两百克，干白葡萄酒、奶油少许。土苹果切片，洋葱和培根在奶油中煎到呈透明状，奶酪切成五毫米的厚片。取一只耐火烤的烤盘抹上奶油，先放上一半的薯片铺平，再铺上一半的洋葱炒培根，接着依序再铺一层土苹果、一层洋葱培根，最后抹上法式酸奶油，铺上干酪片再淋上白葡萄酒。烤箱预热一百九十至两百度，将烤盘送入烤箱烤约二十分钟。宜佐莴苣或生菜沙拉。

荷比卢三国

列日土苹果（Pommes de terre à la Liège，比利时）

大颗土苹果四个彻底洗净，红葱头两个切细丝，蒜瓣一枚拍碎，杜松子（Wacholderbeeren）八颗拍碎，奶油六汤匙，盐、白胡椒、柠檬汁、葱、欧芹适量。土苹果在烤箱中以两百二十五度烤一小时。奶油在锅中融化，加入红葱头、蒜头及杜松子后翻炒两分钟，将锅离火并调味。土苹果以长边为基准画十字切开，下方压紧使切开处开启。再用汤匙将拌炒好的奶油舀入土苹果中，静置入味后撒上香料即可。

蔬菜薯泥（Hutspot，荷兰）

牛肉五百克，白豆（罐头）三百克，红萝卜五百克切丁，土苹果一千克去皮切丁，洋葱三个横切成环状，奶油一百克，欧芹剁细末，月桂叶一片，宜煮汤的根茎类蔬菜一种洗净，盐少许。牛肉与根茎类蔬菜及月桂叶煮软，洋葱、白豆、红萝卜与土苹果加入牛肉中煮熟。牛肉切片，所有蔬菜取出略压成泥后放入盘中，淋上热奶油，铺上牛肉片再撒上欧芹末即可。

英国[1]

自古以来，英国传统菜就是肉食料理。这个因多雨而牧草肥沃的岛屿，特别适合牲畜，尤其是牛、羊生长。对18世纪生活还相当艰苦、在料理上也少用香料的欧洲大陆来说，蔬菜的耕种情况也很好。较为富有的阶层享有足够的肉类料理，因此不必依赖所谓的“有饱腹感的配菜”或用酱汁来增添蔬菜的营养。1764年，音乐家莫扎特之父李奥波德·莫扎特（Leopold Mozart）描述了英国人的餐桌：“菜肴非常滋补、实在、营养丰富，牛肉、小牛肉和羊肉比其他地方的更好也更美味……下午两点是午餐时间，阉羊腿、烧烤牛肉被端上餐桌，这是英国式的烤牛排，而德国以‘Rost Biff’之名闻名……佐以水煮土苹果或豆类，但他们没有特别的佐料，而是准备了一个装有融化奶油的小碟子，如此每个人可以依个人喜好，在土苹果或豆子上淋上奶油。”莫扎特之父在此段文字中，表达出对英国的蔬菜料理没有搭配特别酱汁深表诧异。

牛肉和羊肉有很长的时间是上层社会才能享用的美食，猪肉和家禽几乎在每户农家都有，在沿岸地区则多食鱼类，豌豆和丑豆（breite Fisolen）用以增补营养，还有洋葱、蒜苗、甘蓝、青葱和根茎类蔬菜也广为流传。长期以来，甘蓝是穷人的

---

[1] 编注：此英国指英格兰地区，后文中会提到苏格兰。

蔬菜。水果尤其是异国风味的水果，只有英国上层社会可以享用。

最初，土苹果在英国也不受认可，但到了莫扎特时期时，它显然已是肉类常见的配菜。在英国料理中，除了水煮土苹果外，之后又有 roast potatoes，那是将生马铃薯去皮、切半、抹上油并撒上粗海盐后，送进烤箱烘烤。Jacket potatoes 或 baked potatoes 则是将马铃薯连皮及油脂烤熟，薯泥在英国料理中也占有一席之地。土苹果同样是许多“派”的主要食材，做法是用薯泥或薯片覆盖在炖肉或炖鱼片上，再送进烤箱中烘烤。

19 世纪以前，英国菜声誉卓著，英国人拓展出来的贸易关系及众多殖民地的占领，为其开启了香料与异国食材之门，即使一般市民阶层也有能力吃得更精致。但随着殖民帝国的没落和第一次世界大战的爆发，英国菜也走向没落。当时盛传的谚语不无道理：“英国人发明了餐桌闲谈，好让人忘了他们的食物。”

爱尔兰

几世纪以来，爱尔兰是一个贫穷、困苦的地区，居民饱受饥荒及周期性的粮食歉收所苦。在定居当地之初，居民的注意力聚集在得以存活或能在一定程度上饱腹。牛奶和谷类是基本食物，较高阶层的居民在食物上还是有较多选择。牛奶“不论新鲜与否、是浓是淡”，都被视为最佳的营养来源。直到18世纪，新鲜的牛奶才赢得好评，但奶油还是奢侈品。长期以来不受重视的奶酪相关制品，也以较大规模开始生产。最重要的农产品大部分来自于畜牧业，长久以来都用在出口，谷类则主要用来煮粥或制成面包。然而，谷物的歉收一再造成饥荒，因此土苹果成为当地居民最重要的营养来源。今天炒洋芋、水煮土苹果及薯泥，已是不可或缺且饱腹感十足的配菜。

在大饥荒[1]后，即使土苹果对当地人的吸引力不减，爱尔兰人还是改变了饮食习惯，发明出各式各样的土苹果蛋糕，其中名为fadge的洋芋苹果蛋糕，总是让人联想到万圣节，由土苹果刨丝制成的薄饼（stampy cakes）也备受青睐。

苏格兰

苏格兰菜基本上和英国料理不同，许多经典的苏格兰料理对英国人来说是极为陌生甚至敬谢不敏的，例如他们对土苹果连皮炒到深棕色甚至黑色的stovies就大为反感。而将剁碎的羊内脏加上洋葱、燕麦及调味料塞入羊胃中，水煮三小时而成的羊杂馅羊肚（Haggis），也不是大众口味的料理，传统上，这道

[1] The Great Famine，指1845—1849年间，爱尔兰最主要的粮食作物马铃薯因病虫害而严重歉收所造成的大饥荒，使人口锐减四分之一，其中死于饥饿与疾病者达百万人，另有150万人移居美加地区。

料理会和洋芋泥（chappit tatties）与萝卜泥（bashed neeps）一起食用。野味要特别处理久腌后的浓烈气味（haut goût），松鸡在烹调前三个星期就要挂起来：“松鸡要被挂起来，传统上挂起的是尾部，而身体掉到地窖的地板时，即是可以下锅之时。”此外，赤鹿、鹿、兔和雉鸡也广受欢迎。

苏格兰人以肉类和鱼类为主食，直到18世纪，燕麦及大麦粥仍是穷人的食物。苏格兰的烘焙糕点被英国人拿来当茶点。外来的影响主要来自法国，这使得苏格兰的烹调方式比起英国的更为精致与高雅。当地语言也借用了法国料理的语汇：如羊腿一词的苏格兰语为gigot或jiggot，即是借用法语的gîgot。肉类料理一词苏格兰语为ashet，则引自法语的assiette。

苏格兰鲑鱼、野生鲑鱼、苏格兰鲱鱼、烟熏鲱鱼、鳟鱼及黑线鳕尤其受到青睐。因牧场上的牧草与带有盐分的海风，使得当地的牛（阿伯丁安格斯牛）与羊的滋味都特别浓郁。

苏格兰高地相对贫瘠，以畜牧业为主，低地从古至今都以耕地为主。在17世纪晚期土苹果才引进苏格兰，在约1740年时此块茎还引发了强大的反弹，然而在1790年已成为重要的食物。土苹果主要的烹调方式还是连皮或去皮煮熟，在19世纪后期，人们开始将此块茎切片并在大量的油中炸透。土苹果会用来作为配菜、主菜或烹煮汤品及大锅菜的食材。

马铃薯色拉（英国）

土苹果一千克水煮去皮，蛋四枚煮至全熟后切细末，葱半把切细末，美乃滋一百二十五毫升、芥末一汤匙，牛奶六十二点五毫升。

土苹果刨丝，加入蛋和葱末。将牛奶、芥末和美乃滋搅拌均匀并拌入土苹果中即可。

烤洋芋（英国）

土苹果六个彻底洗净，奶酪刨丝。土苹果纵切一小片，挖出部分果肉塞入干酪，再将切下的土苹果片覆盖其上，送进烤箱用中火烤五十分钟。土苹果内亦可填入酥脆的熏肉。

烤土苹果（英国）

大颗土苹果六个去皮，每个切成四等分，油适量，洋葱三个，每个切成八等分，牛肉、羊肉或猪肉一千克。肉送进烤箱烤约一个半小时，在快烤好前放入土苹果及洋葱块。

马铃薯泥（英国）

大颗土苹果四个煮软，滤去水分后打成泥。牛奶或鲜奶油加热，和奶油一起加入土苹果中搅拌均匀并调味。

炸薯饼（英国）

水一百二十五毫升，奶油两汤匙，盐少许、面粉一百五十至两百克，蛋四枚，土苹果四个去皮并在盐水中煮熟，胡椒、油炸用油适量。

将水、盐、奶油和面粉混合油炸成面团（Brandteig），再将蛋一个个分别加入并搅拌均匀。土苹果过筛并加入油炸面团中并调味。热油锅，用咖啡匙舀出少量面团放入锅中炸五分钟至色呈金黄，在纸上沥去多余油脂并趁热享用。

马铃薯饼（Boxty，爱尔兰）

生土苹果两百五十克刨丝，水煮土苹果两百五十克过筛，面粉两百五十克，泡打粉一咖啡匙，盐、融化奶油一汤匙，牛奶约一百二十五毫升。将土苹果丝榨出汁液，面粉拌入生熟土苹果，加入奶油和所有材料后，再加入些许牛奶使面团更加揉软。将揉好的面团分成四份，分别压平并用刀将表面划成棋盘状，在厚重的平底油锅中煎熟。

马铃薯汤（爱尔兰）

土苹果九个去皮切丁，西芹四根切片，洋葱两个切细丝，鸡汤五百毫升，水、盐、牛奶、面粉、奶油适量。所有蔬菜在鸡汤中煮三十分钟，牛奶和面粉搅拌均匀，和奶油一起加入汤中，使汤更为浓稠即可。

马铃薯煎饼（爱尔兰）

土苹果一千克水煮过筛，面粉一百二十五克，奶油两汤匙，盐少许。

奶油融化后和盐一起拌入土苹果中，再加入面粉揉成面团，将面团擀成圆形，放进热油锅中，每一面煎三分钟，再切成四等分即可。

羊杂手指薯饼（Haggis croquettes，苏格兰）

土苹果一百二十克水煮过筛，羊杂五十克切碎，蛋一枚，面粉一百克，麦片一百克。羊杂和土苹果混合均匀，揉成手指形状。依序分别裹上面粉、打散的蛋液和麦片，放入热油锅中炸熟即可。

洋葱烩洋芋（Stovies，苏格兰）

土苹果一千克去皮切片，大颗洋葱两个，奶油一百克，油脂、盐、胡椒少许，肉汤五百毫升，绞肉或粗盐腌牛肉（Corned beef）五百克，欧芹切细末。油脂在平底锅中加热融化，放入洋葱爆香并加入土苹果后调味，淋上肉汤后待其煮沸，盖上锅盖用文火炖煮一小时，其间不时搅拌，再加入肉续煮十分钟后，撒上欧芹末趁热食用。

椰粉洋芋球（Macaroon bar，苏格兰）

糖粉五百克，土苹果一百克水煮过筛，椰子粉两百克，水适量。糖和土苹果混合均匀，取小块揉成圆球状。水和糖煮成糖浆，将土苹果球浸入糖浆中再裹上椰子粉，静置一夜使之干燥即可。

希腊

希腊的地中海料理以添加大量的香料（奥勒冈[1]、迷迭香、小茴香、薄荷、莳萝、月桂叶、百里香、鼠尾草、柠檬、蒜头）著称，炖肉和番茄酱中还会添加肉桂。直到进入20世纪，住在内陆的希腊人几乎都是素食者——山区无法发展密集的畜牧业。除了烧烤和串烤这些长期以来只有在周日、复活节和圣诞节才能享用的料理外，希腊菜中还有许多主菜，如茄子肉酱千层面慕沙卡（Moussaka），都是在烤箱中完成的。

将四季豆、栉瓜、洋蓟、洋葱、蒜头及番茄等蔬菜，在橄榄油中烩煮，即是典型的蔬菜杂烩。许多蔬菜会加入米饭，有时也会添加绞肉。用不加蛋的薄面团（Phylloteig）制成的酥皮馅饼，会加入蔬菜或奶酪为馅。所有的料理和糕饼中，都有橄榄油的踪影，特别值得一提的是，希腊料理是巴尔干半岛上唯一一个几乎不用辣调味的菜系。

希腊的前菜非常丰富，冷食与热食都有。冬天时热腾腾的汤会被端上餐桌，其他的季节则吃冷的或微温的汤品。大锅菜、杂烩与焗烤是内陆的典型料理，蔬菜加绞肉亦然。甜点则受到拜占庭料理的影响而带有土耳其的元素——极度的甜且浓郁。

---

[1] 编注：奥勒冈，别称山薄荷、小叶薄荷等，有杀菌、消毒、助消化的功效，意大利厨房最常用的香料之一。

虽然土苹果传到希腊的时间相对晚一些，但今天它无论是作为配菜或主菜都备受欢迎。希腊人会把其他食材加入土苹果，就像料理番茄、彩椒、茄子和栉瓜一样，大多数烧烤料理都会搭配薯条。直到 20 世纪 60 年代，肉类才开始在日常生活中扮演重要角色。当时希腊人的主食是面包，今天它也是搭配料理的重要配菜。虽有地利之便与诸多岛屿，鱼类和海鲜依然不足且过于昂贵，无法作为每日营养摄取的来源。

烤全鸡（Huhn im Ofen）

鸡一只，土苹果两千克去皮切厚片，柠檬两个，油一百二十五毫升，硬质奶酪两到三块，青椒一个，奥勒冈、盐、胡椒适量。柠檬切半，涂抹全鸡，并抹上盐及胡椒，再将奶酪与青椒塞入鸡腹内。将土苹果放入烤盘中，加上盐、胡椒并撒上些许奥勒冈，淋上油和柠檬汁并混合均匀。将土苹果放到烤盘边缘，并将烤鸡放到烤盘中间，翻转全鸡，使盘底的油能均匀沾覆表皮，然后在烤箱中烤约一个半小时，期间需留意不时翻面以免过焦。

希腊式土苹果锅（Griechisch Erdäpfelpfanne）

土苹果一千克水煮去皮，洋葱一个切细丝，（羊或牛）绞肉五百克，橄榄油、奥勒冈少许，蒜瓣三枚拍细末，鲜奶油一杯，蛋黄两颗，欧芹切细末，面包粉一汤匙，奶油挖成小块状。将橄榄油加热后，放入洋葱爆香，加入绞肉一起翻炒并调味，再加入切片的土苹果及欧芹拌匀，淋上混合均匀的鲜奶油和蛋黄，并撒上小块奶油后，在烤箱中烤至表层上色即可。

蒜末薯泥酱（Skordalia）

土苹果五个水煮后去皮，蒜瓣四枚，盐、醋、橄榄油少许。

土苹果和蒜头捣成泥，用其他的材料调味，佐白面包即是美味的前菜。

希腊式土苹果色拉

土苹果五百克水煮去皮，小洋葱一个切细丝，腌黄瓜一条切片，芥末、美乃滋少许，欧芹切细末，柠檬汁、橄榄油、白酒醋、盐、胡椒适量。土苹果切片，蘸酱材料搅拌均匀后拌入热腾腾的土苹果中，再加入腌黄瓜与洋葱混合均匀并撒上欧芹，待冷却再享用。

希腊式土苹果锅

土苹果八百克水煮去皮，培根六片，橄榄油四汤匙，盐、七彩胡椒若干，栉瓜两百五十克刨丝，蒜瓣两枚剁细末，菲达干酪一百克剥碎，小片罗勒叶少许。土苹果切薄片，培根在油中煎到酥脆后取出，再加入剩下的油及土苹果，炒约二十分钟至土苹果呈金黄色，加盐与胡椒调味，栉瓜和蒜头在起锅前五分钟加入同炒，起锅后立即撒上干酪和罗勒享用。

意大利

意大利菜以丰富的地区性料理著称。因地理上的优异条件，为意大利人提供了各式各样的食材。远在城邦共和时期，这里便已发展出一种和地方性农家及市民料理截然不同的精致贵族料理，其烹调手法并不复杂，只是取用质量最好的食材。

因气候和地理上的明显差异，这个国家创造了杰出的地方性料理。意大利北方有熏肉、美味的火腿、风干牛肉（Bresaola）和意式肉肠（Mortadella），料理中富含肉类且营养丰富，烹调出的菜肴是温和且浓郁的。斋戒期间会准备许多面粉和蛋奶及奶酪做成的佳肴，意大利人也善用大自然提供的所有材料（青蛙、蜗牛、松露、菇蕈和核果）。前菜中最知名的是意大利饺（tortellini）和马铃薯面疙瘩（gnocchi）。意大利是上好乳酪之乡，人们会烹煮各式意大利炖饭（risotti），而薄皮卷饼、泡芙和提拉米苏则为一餐画下美丽的句点。在阿尔卑斯山区可以发现料理受到瑞士的影响，近海地区则较常食用鱼类料理。色拉是独立的前菜或小菜，意式玉米饼则用来作为前菜或配菜。

越往南行则越常见到面食，但有道菜会让人联想到维也纳料理——围桌菜（bollito misto），那是用各种水煮肉类（牛肉、香肠、鸡肉、牛舌等）佐绿色香料调制的酱汁。帕马森干酪为许多料理做最后的妆点。意大利南部（指罗马周边与其南方地区）受到各民族如希腊人、西班牙人和阿拉伯人的影响。贫穷地区是披萨的诞生地，面食加番茄酱、内脏与以茄子为基础的料理为代表。酸豆、橄榄、辣椒、蒜头和鳀鱼是基本的调味料。羔羊与山羊是餐桌上的常客，而奶酪也是用羊乳制成。沿岸有海鲜和鱼类，知名的蛋花汤（stracciatella）源自罗马，那是将一枚蛋和面粉与帕马森干酪拌匀，再淋到鸡汤或牛肉汤中。洋蓟、蔬菜镶肉、炸海鲜（fritto misto）、煎鱿鱼（Calamari）与罗马羊奶奶酪（pecorino romano）都丰富了菜单。在首都罗马会将草莓、水果色拉、提拉米苏、意式奶酪（panna cotta）、泡芙和冰品（Gefrorenes）作为甜点。

意大利杂菜汤（Minestrone）

小甘蓝一个，红萝卜两根，土苹果两个，熏肉一百克切丝，米五十克，四季豆两百克，帕马森干酪三十克刨丝，盐、胡椒少许。将熏肉加热，加入蔬菜并注入约一点五升的水，煮至蔬菜仍有脆度时，放入米续煮二十五分钟。用盐和胡椒调味，并撒上帕马森干酪丝即可。

煎洋芋

当年收获的小颗土苹果，油或奶油视喜好添加，盐少许。土苹果在足量的油或奶油中，盖上锅盖油煎，用小火慢慢煎，期间需经常翻面。

马铃薯面疙瘩（Gnocchi，意大利的里雅斯特）

土苹果一千克水煮去皮，蛋两枚，面粉约两百五十克，盐适量。土苹果趁热过筛并加入其他的食材，将之揉成拇指般粗的长条，并切成两厘米大小的面团，放入大量的盐水中烹煮，直到浮到水面上，再将之捞出，可佐番茄酱或炖肉食用。

意式慢炖洋芋墨鱼（Seppie con patate，意大利托斯卡纳）

土苹果八百克去皮切丁，盐少许、墨鱼一千克洗净切块，蒜瓣四枚（或更多），白酒六十二点五毫升，橄榄油五汤匙，辣椒视口味添加，番茄酱两汤匙。墨鱼在橄榄油中翻炒并加入白酒及番茄酱，再加入香料慢火炖煮，直到墨鱼几乎变软后，加入土苹果炖熟即可。

马铃薯烩牛肉（Tortino di patate e carne，意大利南提洛尔）

胡椒、葱、盐适量，奶油五十克、水煮牛肉四百克切片，盐煮土苹果四颗。牛肉和土苹果切片，葱在奶油中爆香，加入土苹果后翻炒并调味。再放入牛肉炒十分钟，将之压平后扣在盘子上倒出，立即享用。

威尼斯风味洋芋（Patate alla veneziana）

洋葱一个，土苹果六百克去皮切块，橄榄油，盐少许，奶油五十克，欧芹剁细末。洋葱圈加入奶油及油中略煎后，放入土苹果翻炒至熟软，加入盐及欧芹拌匀后即可端上餐桌。

三色薯泥（Tricolore）

蚕豆四百克，水煮红萝卜三百克，土苹果三百克去皮水煮，西洋芹三百克水煮，法式酸奶油两百克，盐、白胡椒适量。将所有蔬菜分别压成泥，薯泥分成三等份，每份和一种蔬菜泥搅拌均匀。将酸奶油分别淋在不同颜色的薯泥上，用小火加热，调味后趁热享用。

马耳他共和国

马耳他人打造出一个东道主的国度，长期以来只有在岛上少数（昂贵的）餐厅，才能品尝到真正的马耳他料理，然其所提供的主要还是国际性的料理或牛排。在小摊子上可以吃到的快餐如炸鱼薯条及培根蛋，则受到英国的影响，靠近意大利的地区很早开始就以意式面食（pasta）为主食。虽然过去马耳他经常被异族占领，但现在的马耳他料理受到地理条件左右的程度更甚于外国的影响。

在 20 世纪的最后几年，提供马耳他风味菜的餐厅如雨后春笋般林立。料理发展的前提是有食谱书印刷出版，马耳他料理的食谱在家庭中不会用纸笔写下来，而是母女之间代代口耳相传。

直到进入 20 世纪，农家的饮食依然贫乏，少有鱼肉和野味。蔬菜处处可见，岛上的每一寸土地都用来种植豌豆、洋蓟、大头菜、菠菜、花椰菜、番茄、栉瓜和南瓜。蔬菜汤（Minestra）是马耳他人最爱的汤品，蔬菜或佐干酪和橄榄油生食；或用来烹煮大锅菜；或镶蔬菜烧烤后，淋上酱汁，搭配面条端上餐桌。

马耳他没有牧场，牛被饲养在牛棚内，牛肉的质量不如在露天饲养场放养的牛，因此烹煮时间会长一些，也可以淋上味道浓郁的酱汁在烤箱中烧烤入味。猪肉会被制成美味可口的香肠，圈养的家兔非常受欢迎。羔羊或山羊奶酪（有些会裹上胡椒）是很扎实且口感特别的，人们每天都会烹煮混合牛奶和海水制成马耳他瑞蔻塔干酪（Rikotta）。

马耳他料理使用典型的地中海香草，黑胡椒是重要的调味料。酸豆在岛上随处生长，水果（柑橘、柠檬、柳橙）亦然。用苦杏仁制成的杏仁糖浆及蜂蜜，是马耳他甜点中常用的材料。马耳他虽然也有土苹果料理，但它在马耳他料理中，并没有太大的发展空间。

牛肚汤（Kirxa）

牛肚一千克洗净切成条状，大颗大头菜一个去皮切丁，洋葱一个切细丝，花椰菜一个切成小花状，南瓜丁四百克，去皮番茄两百克，甘蓝一个切成长条，土苹果六个去皮切丁，欧芹剁细末，水、帕马森干酪丝适量。

牛肚煮至软（至少需要两小时），蔬菜放入盐水中煮，再加入牛肚续煮至蔬菜变软，依个人口味调味并撒上欧芹及帕马森干酪即可。

蔬菜汤（Kawlata）

猪梅花肉七百五十克切块，南瓜丁四百克，白南瓜丁两百克，小花椰菜一颗切分成小朵，甘蓝一个切细丝，大头菜三个切丁，洋葱两个切细丝，土苹果四个连皮水煮，番茄四个去皮去籽，水、奶油、番茄汤一汤匙。蔬菜放入盐水中煮至沸腾后，加入肉类和其他材料，煮到所有食物都变软烂，先喝汤，再享用肉与去皮的热土苹果。在肉上淋上柠檬汁可增添风味。

洋芋汤（Soppa patat）

土苹果八百克去皮切片，洋葱一个切细丝，西洋芹一根切丁，奶油五十克，水、盐、胡椒适量，月桂叶一片，面粉二十五克，牛奶两百五十毫升，欧芹剁细末，法式酸奶油一汤匙。蔬菜在奶油中炖炒五到十分钟，加入水和香料后煮至软烂，用电动搅拌棒将蔬菜打成泥，牛奶、法式酸奶油与面粉搅拌均匀倒入汤中，再次煮至沸腾并撒上欧芹末即可。

千层烤肉（Lahn il-forn）

牛腿排或猪肉一千克，大颗土苹果八个去皮切薄片，大洋葱四个切片，蒜瓣三枚剁细末，奶油五十克，欧芹末一汤匙，水一点二五升，盐、胡椒适量。深平底锅一只抹上奶油，先铺上洋葱片、马铃薯片，再放上肉，最后再铺上一层马铃薯片，撒上欧芹和蒜头，并加入水、盐、胡椒后，送进烤箱用中火烤约一个半小时。

洋芋锅（Patata fagata）

大颗土苹果六个去皮切薄片，大洋葱两个切细丝，蒜瓣两枚拍细末，月桂叶两片，新鲜香草（欧芹、细叶芹、墨角兰、罗勒或薄荷）剁细末，橄榄油两汤匙，白酒一汤匙，盐、胡椒适量。土苹果及五汤匙水放入平底锅中，再加入洋葱、调味料、酒与橄榄油，盖上锅盖煮沸后转小火续煮二十分钟，当水收干时，撒上新鲜香草末即可享用。

烤茄子与土苹果（Bringiel mimli fil-forn）

茄子[1]三个纵向切半，大颗土苹果六个去皮切厚片，大洋葱一个切细丝，混合绞肉五百克，蛋两枚，蒜瓣两枚拍细末，帕马森干酪两汤匙刨丝，番茄酱一汤匙，百里香、胡椒、盐适量。茄子在盐水中静置三十分钟，再煮十五分钟后沥去水分放凉，将茄子挖出部分果肉。取一只大平底锅将绞肉和洋葱炒至棕色，放入茄子果肉与番茄酱煮成糊状。静置冷却后，将蛋、奶酪、盐、胡椒与百里香拌入肉中。取一只耐火烤的容器抹上油后，铺上土苹果片、蒜头、盐与胡椒。将炒好的绞肉回填到茄子内，再将之放到土苹果上，在烤箱中用中火烤至土苹果变软即可。栉瓜亦可以用此方式烹调。

---

[1] 欧洲的茄子呈上窄下宽的椭圆形，与其他地区的品种不同，因此常用来切半镶蔬菜与绞肉烤食。

斯堪的纳维亚地区

瑞典和挪威料理受到高山、峡谷与大片森林的影响，与之相反，丹麦则地势平缓。冰岛地形多冰河、温泉与火山，只有沿岸地区适宜人居。芬兰境内多森林、河川及湖泊，在19世纪末以前居民以捕鱼与农业为生。长期以来，在这些贫瘠的国度，最好的农产品多用来外销，以换取盐与香料，当地居民只能食用剩余的次等货，而富有的地主则有较多的选择，他们可享用鸡、鹅、火鸡和从池塘中捕捞的淡水鱼，并设法从森林中猎取野味、湖鱼及莓果。只有瑞典和挪威对所有人民都开放狩猎。

斯堪的纳维亚地区的上层阶级和其他欧洲贵族一直保持联系，从丹麦出版的两本食谱（约1300年）中，可以明确看出此地料理受到地中海的影响。德语与法语的食谱也被译成北欧语言，这些食谱在高级料理中加以尝试。然而当地依然保有一些特产，白兰地备受青睐，前菜会取用面包、奶油及盐渍鱼类。

新鲜蔬果完全仰赖进口，因此价格高昂并受到上层阶级的珍视。19世纪，当平民百姓的餐桌上只有甘蓝、洋葱、红萝卜与其他根茎类蔬菜时，富有人家的菜单上则会出现芦笋、洋蓟与菠萝等舶来品。根茎类蔬菜从前多被视为动物的饲料。

因为农民会保留动物内脏、血液等最廉价的部位，所以他们最懂得如何以此做出香肠、肉冻、血肠与团子。除了用脱水法可长期保存的肉品和鱼类外，牛奶也是非常重要的营养来源，酸奶是为最常见的日常饮品。1845 年，挪威出版了第一本食谱，其中只有少数简易的土苹果料理。挪威的典型料理是带有浓郁地方性特色的农村风味，偏好采用当地食材，因此地区性差异极大。所有地区的共同处在于对牛奶、乳制品（奶油、奶酪）与肉类的应用，鱼类在此有极高的地位，挪威的鲑鱼是最知名的美馔珍馐。有“海中之银”美誉的鲱鱼也非常重要，几乎每一个冷食的自助式餐台上都会看到它的踪影，餐馆多半用盐渍鲱鱼、番茄或芥末酱鲱鱼的方式烹调。

芬兰的料理极为简易，来自森林的食材、来自大海的鱼和鱼冻皆大受欢迎。对当地有时过于贫乏的菜单来说，土苹果的引进意味着丰富了当地的食材。

瑞典菜在中欧几乎默默无闻，其料理手法并不繁复但会使用鸵鹿及驯鹿肉。因维京人身为海盗的优势，使得当地居民很早就有机会接触胡椒、小豆蔻等异国香料。

冰岛上所有可能的食材都会被善加利用，过去有很长一段时间，除了盐以外，冰岛人不认识其他香料。羊头、鱼类、鲸、海豹和羊丸是冰岛的传统料理，萝卜粥是为配菜，今天冰岛人也吃土苹果。斯吉（skyr）是一种很受欢迎的奶酪抹酱，其制作过程中提炼出的乳清，则用来当作肉类的防腐剂。

法罗群岛居民的膳食非常丰盛，1854 年的一本探险日记中写道：“米勒先生告诉我们，法罗群岛人通常一天要吃两次鱼或肉类，只要少了一次，就会觉得受到亏待。”土苹果是主要的农产品，它在19世纪才传入当地，在此之前，岛上以种植大头菜为主。居民会将土苹果做成汤品、色拉及配菜。

这一地区的夏季和成长周期都比较短，迫使当地居民思考粮食的储备，造就了他们善用烟熏、盐渍与脱水来保存食物的卓越技术。除此之外，大雪覆盖也为牛奶、肉类和鱼类提供了天然的冷藏条件，莓果经脱水或熬煮成果冻、果酱也能长期存放。在斯堪的纳维亚地区的北方只有燕麦和大麦生长，这些都不适合添加酵母，只能做出无酵母的硬质面包。长久以来，以酵母面团为基底做成的面包皆被视为昂贵且稀有的，因此挪威人只有在特殊节庆才能享用。土苹果的到来，使斯堪的纳维亚地区的料理多了些变化，此块茎的好处是它的存放条件和萝卜是一样的。当地人用土苹果制成软质的薄饼，其名为勒夫沙(lefse)，食用时会抹上奶油，包入小肉丸子并卷成香肠状。

进入20世纪，科技的进步和运输方式的改善也为欧洲北部带来料理上的变化，许多商品全年供应，连熟食也可以提供。城市中有快餐连锁店，异国风与美食餐厅的兴起也让饮食更为多元化，意大利面、意式面食、千层面、披萨、墨西哥卷饼和口袋面包（Pita-Brot）同样有人贩卖。这股趋势慢慢击退人们对水煮洋芋的喜爱，但薯条和路边摊的土苹果小吃料理，却日益受到欢迎。

洋芋炒肉（Biksemad，丹麦）

洋葱两百克切细丝，奶油或酥油七十五克，猪肉或羊肉三百五十克切块，盐、胡椒适量，土苹果一千克连皮水煮，可添加英国伍斯特黑醋酱（Worchestersauce）。

土苹果去皮切块，肉在油中煎到金黄色后盛出放入大锅中，土苹果炒到金黄色后加入肉块中，洋葱亦如法炮制，所有食材一起拌炒均匀并加以调味，放在大盘中佐荷包蛋享用。

丹麦式土苹果色拉

土苹果七百五十克水煮去皮，全熟水煮蛋两枚，鲜奶油一百毫升，醋或柠檬汁三汤匙，大量莳萝剁细末，美乃滋一百克，胡椒、盐适量。土苹果与蛋切丁放入容器中，除了莳萝外其他的材料混合均匀调制成色拉酱，拌入土苹果中（若太干可再加些鲜奶油或醋）。撒上莳萝并用切成四分之一的水煮蛋加以装饰。静置十分钟。这道色拉宜佐水煮、煎炸或烟熏鱼。

洋芋焖蛋饼（丹麦）

熏火腿一百五十克，土苹果七百五十克水煮去皮后切片，新鲜螃蟹两百克，蛋两枚，面粉、盐适量，矿泉水两汤匙。

熏火腿切薄片放入大型平底锅略煎，再铺上土苹果片与螃蟹，盖上锅盖用中火焖煮十五分钟后调味。将蛋、面粉、盐、矿泉水搅拌均匀，淋到土苹果上待其凝固。宜佐生菜沙拉。

约翰逊的诱惑（Janssons frestelse，瑞典）

土苹果一千克去皮切片，去骨的鳀鱼片或辣鲱鱼十六条切丁，奶油五十克切成小片，鲜奶油三百毫升，胡椒、盐适量，洋葱两个切细丝。切成薄片的土苹果在冷水中静置二十分钟，再沥去水分将之擦干。烤盘中抹上奶油，依次铺上土苹果、洋葱、鲱鱼、奶油、胡椒，如此反复，但留意最上层需为土苹果，再淋上鲜奶油。在烤箱中以两百度烤四十五分钟至色呈金黄即可。

瑞典香肠餐

剁细丝的洋葱三百克，奶油四十克，德国蒜肠（Knackwurst）或法兰克福水煮香肠八根，温和的红椒粉两咖啡匙，土苹果一千克连皮水煮切片，牛奶两百毫升，盐、胡椒适量，鲜奶油一百毫升，青蒜剁细末少许，番茄酱一小罐。洋葱在奶油中略炒，加入切片的香肠翻炒，再放入红椒粉拌匀，转小火后铺上土苹果片。番茄酱、牛奶、盐与胡椒搅拌后，均匀拌入锅中，焖煮十分钟后加入鲜奶油，待煮沸撒上青蒜即可享用。

挪威洋芋球（Potetboller）

洋芋泥两百五十克，去骨鳀鱼片八片剁细末，面粉一汤匙，欧芹一汤匙剁细末，芥末粉一汤匙，盐、胡椒、肉豆蔻适量，蛋黄一枚，面包粉若干。将所有材料加入洋芋泥中，搅拌均匀后加以调味。将洋芋泥揉成圆球状，先抹上蛋黄再沾上面包粉，放入热油锅炸熟即可。

芬兰烤芋泥（Imelletty perunalaatikko）

土苹果一千克去皮切丁，盐两咖啡匙，牛奶四百毫升，奶油一百克，面粉三汤匙，糖三汤匙。

土苹果在盐水中煮至可食用的熟度后捞出，留下五百毫升煮洋芋的盐水，将洋芋丁在牛奶中捣碎，拌入盐、面粉及糖搅匀，再将之倒入抹上油的烤盘中，铺上奶油片，放入烤箱以一百五十度烤两小时。放凉十分钟再享用，宜佐煎肉排。

炒薯丁（Pyttipanna，芬兰）

土苹果、洋葱与肉切丁并在油锅中翻炒，荷包蛋及甜菜根是固定搭配组合。

烤手风琴马铃薯（Hasselbackspotati，瑞典）

大颗土苹果十个，奶油、帕马森干酪、盐适量。

土苹果纵切薄片但不切断（如此才会形成扇形）。取烤盘一只抹上油，放入土苹果后，撒上盐并铺上切成小片的奶油。在烤箱中以两百度烤一小时，期间反复涂抹奶油，烘烤结束前十分钟撒上帕马森干酪。宜佐鱼或肉类食用。

波罗的海国家

波罗的海一带的料理口味较重且难以消化。爱沙尼亚曾被德国人、俄国人和斯堪的纳维亚人占领，这些国家和地区都对此地的料理产生了影响。此地最初的料理是简单的粗食，酸白菜、猪肉、土苹果、牛奶、奶制品、莓果和菇蕈类是主要的食物。血肠和酸白菜是爱沙尼亚的国菜，波罗的海及内陆湖提供的鱼类，往往会放在牛奶汤中烹煮。Rossolje 是一种特殊的鲱鱼色拉，备受当地人喜爱。用酵母面团制成的卷饼（Blinis）会包入酸奶油或鱼，在所有波罗的海国家都备受青睐。爱沙尼亚人对 sült（牛肉冻）与镶小牛肉特别喜爱。

立陶宛人很喜欢吃名为赛普里奈的熏肉酱汁土苹果团子。立陶宛的汤中有丰富的食材，色拉几乎都会搭配美乃滋。这里还出产烟熏香肠、腌渍与烟熏鱼、薯丝煎饼和马铃薯香肠。

地道的拉脱维亚料理是熏肉佐灰豌豆（graue Erbsen），当地人会佐啤酒享用。用酵母面团制成的熏肉包子（Piragi），内馅包有熏肉与洋葱。酸模汤（Sauerampfersuppe）汤料丰富，有水煮猪肉、洋葱、土苹果、大麦、水煮蛋和奶油，可让人饱餐一顿。

赛普里奈（立陶宛）

土苹果一千克刨丝，土苹果四个水煮过筛，绞肉三百克，洋葱一个切细丝，油、盐、胡椒、墨角兰适量，熏肥肉七十五克，酸奶油三到四咖啡匙。生土苹果丝包入纱布中压出汁，并将原汁保留起来。生的和煮熟的土苹果混合，加入淀粉及原汁制成面团。洋葱在油中炒香后，加入绞肉中拌匀并调味。水加热，土苹果面团中包入绞肉并揉成圆形或长条形的团子，在盐水中煮三十分钟。制作酱汁时将熏肉丁煸出油，炒香洋葱并加入酸奶油即可。

鲱鱼色拉（爱沙尼亚）

四个土苹果水煮去皮切丁，红甜菜一个水煮切丁，酒汁鲱鱼[1]四片切块，全熟水煮蛋一枚切成四等分，腌黄瓜一条切丁，红葱头一个切细丝，莳萝适量剁细末，法式酸奶油一百二十五毫升，伏特加两汤匙，芥末粒一咖啡匙，白酒醋一汤匙，盐、胡椒适量。将除了水煮蛋和莳萝外的所有材料放入大碗中，用伏特加、芥末粒、白酒醋和法式酸奶油腌渍并放入冷藏冰镇。将鲱鱼色拉分成四盘，每盘

---

[1] Matjesheringe，将未产卵的鲱鱼切片加盐、糖及香料腌制而成。

中放上一汤匙法式酸奶油，并用莳萝及水煮蛋装饰。

拉脱维亚式洋芋色拉

土苹果一点五千克水煮去皮，酸黄瓜丁一杯，全熟水煮蛋五个切丁，青葱两把，莳萝剁细末，酸奶油三杯，鲜奶油一杯，芥末一汤匙，盐、胡椒适量。洋芋丁、黄瓜丁、蛋与洋葱混合均匀，酸黄瓜汁、酸奶油、鲜奶油与芥末搅拌均匀拌入土苹果中，调味后盖上盖子放入冷藏室静置一小时。

犹太食谱

犹太料理受到宗教上规定的戒律影响，因散居在外的犹太教徒与教会及犹太人频繁的迁移，使他们有机会接触其他的文化和异国料理，使得欧洲产生了独特的犹太料理。犹太教规定：在陆地、水中和空中的哺乳动物中，陆地上只可食用反刍类偶蹄动物（译按：如羊、鹿、牛）。食肉的猛禽不可食用，鸡、鸽子和鹅是可食用的。水中的鱼类只有有鳍且有鳞的可食用，而鳗鱼、贝类和鱼子酱是禁止食用的。所有爬行动物（如青蛙、蛇）及所有动物的血同样列入禁食名单。屠宰方式只有不用麻药、瞬间切断颈部大动脉的屠宰方式是被许可的，因为这样放血最为彻底，之后还会将肉类泡水并用盐腌渍。此外，肉类和奶制品也禁止同时食用。犹太庆典时，教会要求特定料理必须是洁净的。除了受到祝福的面包，安息日餐要用阿什肯纳兹镶鱼（Ashkenazisch gefilte Fisch）揭开序幕。光明节（Chanukka，又名烛光节）必须准备炸薯丝饼（Latkes）。普珥节（Purim，即面具节）会烤小馅饼享用。

“koscher”（依犹太教规意为洁净的）一词来自希伯来语的 kasher，意思是合适的、正确的、恰当的，但也有仪式上纯净的意思。犹太人在安息日会吃肉、鱼和“所有好的东西”及令人回忆起出埃及记的未发酵面包。在其他节庆如犹太新年（Rosch Haschana）、七七节（Schavuot 又名周日节、收获节）、赎罪日（Jom Kippur，向上帝祈祷赦免过去一年所犯的罪过）、住棚节（Sukkot，又名收藏节）、光明节（又名烛光或献殿节）、犹太植树节（Tu Bischvat，代表春之始）以及逾越节（Pessach，庆祝离开埃及脱离奴役身份），都有各式传统料理。

在 19 世纪的家常菜中，犹太人还是以其所居住国家的料理为主，还会将哈布斯堡君主国、德国、希腊等新菜色融入其菜单中，但仍严格遵守食物戒律。

薯球

土苹果六个去皮刨丝，面粉两百五十克，洋葱一个切细丝，油半杯，泡打粉一咖啡匙，盐、胡椒适量。土苹果丝和其他的材料混合均匀，放入抹上油的圆形烤模中以慢火烤透。此料理若不在节庆时食用，则可稍微加快烘焙流程。逾越节时则用无发酵面包粉（Mazzemehl）取代面粉。

洋芋汤

土苹果一点五千克，鹅油四十克，面粉三十克，犹太人可食用的禽鸟类高汤一点五千克，盐适量，煮汤用的根茎类蔬菜水煮切片。土苹果去皮切丁在高汤中煮软并过筛，面粉与水调成面糊淋入汤中并过筛，续煮十分钟后调味并加入蔬菜片即可。

马铃薯疙瘩

大颗土苹果一个去皮刨丝，蛋一枚，盐适量。土苹果、蛋与盐混合均匀，放入滚水中搅拌并煮两到三分钟。

德国牛排

牛瘦肉五百克，洋葱一个，蛋两枚，土苹果四个水煮刨丝，盐、胡椒、油炸用油适量。

将蛋以外的所有材料搅碎后，加入蛋搅拌均匀并调味。取适量制成牛排状放入油中炸熟。

洋芋炖肉

煮汤的肉五百克切丝，洋葱两个切细丝，油两汤匙，盐、胡椒、红椒适量，蒜瓣四枚压碎，土苹果一千克刨丝。洋葱在油中炒香后加入肉丝，调味后继续泡在锅里一小时。用少量的水将土苹果煮至沸腾，洋葱、肉丝和马铃薯搅拌均匀，再次调味后在烤箱中用中小火烤两到三小时。

土苹果的种类及国际马铃薯中心

Erdäpfelsorten und das Centro internacional de la papa

早晨是圆的，中午捣成泥，晚上切片，尽管如此仍应保持——这是健康的。

——歌德

Goethe

“土苹果”的品种不止一种，多如过江之鲫。今天在安第斯山脉生长的土苹果，品种超过 200 种且其变种更高达 5000 种之多。若要讨论安第斯山脉块茎的研究先驱，就必须提及前文已提过的俄罗斯学者尼古拉 · 瓦维洛夫。瓦维洛夫的贡献在于纠正农业起源于美索不达米亚平原的错误观念，他将世界上植物的起源分成 8 个中心，它们都位于有人定居的高山地区。他主张土苹果源自秘鲁一带的安第斯山区，此论点至今仍是牢不可破的。而瓦维洛夫后继有人，在利马国际马铃薯中心（Centro internacional de la papa，简称 CIP）任职的卡洛斯·欧效（Carlos Ochoa），终其一生致力于研究土苹果及其基因的改良。

坐落于利马（秘鲁首都）的国际马铃薯中心（Center of the Potato）属非营利组织，成立于1971年，它是联合国的下属机构。在科学领域方面，国际马铃薯中心的目的在于探索、推动与开发土苹果、红薯与其他根茎类作物潜在的可能，使其能在发展中国家及所有受饥荒折磨的区域中派上用场。

超过30个国家的科技整合工作团队，试图协调各地方关系，克服所有不利于此块茎栽种与生长的不利因素。国际马铃薯中心也尝试通过有效的训练信息，使相关国家的研究者、政治人物与生产者有能力去掌握当地的问题，达到成功栽种土苹果的目的。为了促进世界性的通力合作，国际马铃薯中心开设了网站。此外，此中心也拥有世界最大的土苹果基因银行，其中记录了逾5000种野生与人工培育的土苹果。这个数据库也有重要的红薯博物馆和来自安第斯山区的其他根茎类作物。现今的研究成果对拉丁美洲、非洲与亚洲的人们应该是有帮助的。

身为16个世界性的全球食品与环境研究中心（Future Harvest Centres）之一，国际马铃薯中心将打造一个没有贫穷的世界，建立更健康的家庭，将儿童能有足够的营养列为工作计划，这个计划应该符合环境的可持续发展。为了强调马铃薯的重要性，即它对抗饥荒的重大价值，联合国大会决议，宣布2008年为国际马铃薯年——土苹果不仅在过去有特殊意义，对人类的未来也意义重大。

在过去这段时间，欧洲开发出独特的土苹果品种，依据烹调特性可区分为三类：

（一）**粉质的土苹果（Mehlig kochende Erdäpfel）**

其淀粉含量非常高，质地较干，是制作薯泥的首选。它们适合水煮后去皮，佐搭配酱汁的料理极为出色，用来制作口感松软的焗烤料理、大锅菜或团子也非常理想。属于此类的土苹果有安德烈塔（Andretta）、阿法（Afra）、可西玛（Cosima）、恩特胥陀兹（Erntestolz）、沙突纳（Saturna）、法缶（Vaufogh）、威尔胥（Welsch）等。

（二）**偏硬质的土苹果（Vorwiegend festkochende Erdäpfel）**

其软硬度介于粉质与硬质之间，如果想大量存放的话，此类是首选。原则上，这类土苹果适用于所有洋芋料理，如盐煮土苹果、色拉或焗烤、薯丝煎饼或煎土苹果面疙瘩与炸洋芋皆可。属于此类的土苹果有阿格利亚（Agria）、阿库拉（Arkula）、贝尔博（Berber）、克里斯塔（Christa）、葛拉莫拉（Gramola）、劳拉（Laura）、蕾维亚（Levia）、蕾拉（Leyla）、马拉贝尔（Marabel）、夸塔（Quarta）、萝莎拉（Rosara）、莎宾娜（Sabina）、塞库拉（Secura）、索拉喇（Solara）等。

（三）**硬质土苹果（Festkochende Erdäpfel）**

其淀粉含量最低，用所有烹调手法（水煮、煎炸、烧烤）都能保持原来的形状。此类中有种特别瘦长形的品种基夫拉（Kipfler），在奥地利被认为适宜用来制作色拉，但它的质地还是相当坚硬的。另外，制作土苹果色拉时很要紧的是，土苹果的果肉可以吸收色拉酱汁，而基夫拉切片后反而会“漂浮”在酱汁上，也就无法吸收酱汁。然而，对于煎炸或盐煮土苹果以及焗烤手法来说，此类都是最佳选择。此类最重要的代表有熙莲纳（Cilena）、狄塔（Ditta）、艾薇塔（Evita）、伊克葵撒（Exquisa）、尤莉亚（Julia）、琳达（Linda）、林泽·得立卡塞（Linzer Delikatesse）、尼可拉（Nicola）、挪韦塔（Novita）、普林塞斯（Prinzeß）、普尼卡（Punika）、罗塞拉（Rosella）、西格林德（Sieglinde）、宋雅（Sonja）和西格玛（Sigma）。

许多土苹果都能以各式手法料理，并和下列的香料与香草完美搭配：

香薄荷（Bohnenkraut，汤品、大锅菜）
细叶莳萝（酱汁、切末撒在料理上）
细叶芹（汤、酱汁）
蒜头（几乎皆适用）
藏茴香（盐煮洋芋、藏茴香土苹果）
月桂叶（汤、大锅菜、油煎面糊料理）
墨角兰（汤、墨角兰土苹果）肉蔻（汤、薯泥）
胡椒
迷迭香
鼠尾草（煎、炒洋芋）
葱（汤、大锅菜）
百里香（汤、大锅菜）

土苹果可有明天？

Haben Erdäpfel Zukun?

“土苹果色拉味道如何，宝贝儿？”新嫁娘问道。“喔，美味可口，亲爱的！”丈夫赞不绝口，“坦白说，这是买来的吧！”

——慕尼黑马铃薯博物馆

这种“穷人的食物”，在过去几个世纪帮助人类从饥荒与战争中存活下来，但其名声却一而再地受到污蔑。在战后时期，当人们对土苹果感到厌烦，便转向其他食物。此外，土苹果因属“易发胖食物”，也使其名声更是雪上加霜。而第二次世界大战之后，大多数的民众对其他国家和饮食习惯有了接触与了解，尤其是在中欧，土苹果再度“流行起来”。

然而，土苹果是非常敏感的美味食材，如果要发挥它的所有特质，那是非常费时费工的。首先，从仓储开始，我们要了解它对寒冷的敏感程度（土苹果在冷藏室不太会变质），以及做各式料理的前置工作。其次，还要将之洗净，且在大多数情况下（水煮或是生的）都要去皮。如果不是要做成薯泥，就必须将土苹果切成需要的形状，若要做成团子或手指薯饼则需打成浆，而且还必须立即处理完毕，否则，薯糊会变成灰褐色且会出水。

土苹果最出色之处在于它的多样化，可以用以煎、炒、煮、炸、烧烤、烤后做成煎饼、汤品、大锅菜、舒芙蕾、炖肉、酱汁、面食等，然而，过程也是耗时费工的。但花费的时间与精力是值得的，因为它会变成美味可口的料理。

然而，土苹果的未来（至少在欧洲）看似建立在方便食品上。印第安人自古以来就有丘诺当作靠山，而土苹果在欧洲却是相当晚期直到有食品工业的加工才得以长久保存并延长人类的享用期。在这方面，欧洲的先驱是“法尼”（Pfanni）公司，1949年首度有现成的马铃薯粉上市，可以用来制作团子和煎饼。十年后，脱水洋芋泥上市。今天许多公司提供土苹果的成品或半成品，如奥地利的“十一食品公司”（11er Nahrungsmittel）、“霍兹曼－大地好食”（Holzmann-Feines vom Land）、加拿大的“麦肯食品公司”（Mccain Foods）与德国的“营养天使公司”（Nähr-Engel）等。

许多可以在商店购得的产品，只需稍微加工或加热即可享用。这些方便料理的包装形形色色，有冷冻或真空包装，品种则从土苹果饺、洋芋面疙瘩、薯泥粉、铝箔包洋芋（烘烤前）、薯条、薯丝煎饼（已炸好的）、水煮去皮的土苹果（整个切片或切丁）、炸薯格格、手指薯饼、厚身薯条（potato wedges，土苹果连皮切成四分之一，调味后油炸）、马铃薯皮（potato skins，土苹果连皮纵切成半）、瑞士薯丝煎饼（Schweizer Rösti）、火柴薯条、团子到土苹果面条应有尽有。

方便性的产品未必一定有工业食物的气息，然而不可否认的是，新鲜调制的土苹果色拉，在口味上明显优于在市场上可以买到的玻璃罐或塑料桶中的色拉。那些费时费事的调制过程(土苹果水煮，趁热去皮、切片，和红洋葱一起用滚烫的牛肉汤淋之，再用醋、油、盐与胡椒制作腌泡酱汁，视个人口味添加些许芥末，并将之搅拌均匀)，接下来还要在温暖处静置20分钟，这才能让土苹果和酱汁交融入味，使得工业生产的土苹果色拉相形失色。此外，市场上销售的土苹果色拉中的红洋葱必须经过事先处理，也因此会散失香气。通常人们会除去它的酸性，也就是说，除去其本身含醚的油脂，以防止当红洋葱去皮切开后，开始进行分解过程，而这种分解过程会产生不好的气味，使洋葱带有鱼腥味。

预先处理的土苹果料理通常是不易存放的。所有保存方法（除了冷冻与真空包装之外）都会因额外的添加物而损及此块茎的原本风味与质量。最早的土苹果新鲜产品如洋芋面疙瘩和手指洋芋面，是首推采真空包装者。

虽然今天在热油锅中炸土苹果半成品毫无问题，且不会改变其风味，但这种做法在20世纪初期对女厨师和家庭主妇来说，并不是非常熟悉的。为此，《奥地利料里报》（*Oesterreichischen Küchen-Zeitung*）在 1911 年，特地刊文说明土苹果在热油中烹调的料理手法是值得推广的。但该文作者有一点弄错了——薯条源自比利时而非法国。此文令人莞尔，因而在此将全文刊出：

“炸马铃薯是法国料理的产物，且在法国备受青睐，它们在当地受欢迎的程度，就好比栗子（热炒栗子）之于我们，小商贩会在街上摆摊现场制作与贩卖。有些穷鬼买到一份炸马铃薯（即薯条），便拿着纸袋大快朵饴，这就是他的‘晚餐’。

其他国家的料理也开始将炸马铃薯列入其菜单中，因此我们说的不是什么新鲜事，而是我们能够推广的事，淡论此话题，也能消除我们对炸马铃薯的价值与烹调方式的诸多误解。最常见的误解是，炸马铃薯被端上餐桌时多半太硬了。

为了能享用酥嫩多汁的炸马铃薯，首先得选用上好的粉质马铃薯及好的纯正炸油，且油量要多。

炸油放入所谓的油锅（铁制的单柄锅）中置于炉火上加热至适当的热度，然后将锅离火，在此同时将大颗土苹果去皮、剔出芽眼并洗净，再将之擦干。

然后将马铃薯切成一厘米多一点的厚片，再将之切成一厘米多一点的长条形。因切开的马铃薯会持续渗出或多或少的汁液，因此要将切好的薯条再次在干净的布上擦干，并放于盘中。这时，再将油锅放到炉火上加热到适宜油炸的温度。取另一只浅盘铺上干净的布或滤油纸备用。

放入一块薯条测试油温，当薯条入油锅会开始浮动时，则在滤勺中放入一把薯条，慢慢将之沉入油锅之中，使薯条不会偏离滤勺，当油温达到真正的热度时，才开始烹调，这里当然要留意烹调和油炸的区别……薯条在沸腾的热油中炸到变软，即用两指可轻易将之压扁的状态……当薯条变软时，将之连同漏勺一起离锅，在油锅上方静置数分钟滤除多余的炸油，然后再将薯条散置于布或滤油纸上……

以此方式将所有切好的薯条炸透，并在布上滤去油脂……当滤油完成后，在薯条上撒上细盐，搅拌均匀后即可享用。

自从炸马铃薯发明之后，法国菜一直满足于这种料理方式，直至不同的厨师将不同形状的炸马铃薯端上餐桌，从吸管般细到如拇指般粗的薯条都有。法国人对所有产品都会取一个响亮的名字，因此今天除了仅在外形上有所区别的炸马铃薯其实有一长串的名字，这都不足为怪。于是我们今天看到的炸马铃薯有筷子、火柴、香烟般粗细，还有从薄如蝉翼到铜板厚度的片状。新形状仍不断开发，无法一一细数。”

土苹果还走出一条可以作为点心或休闲零食的路，举例来说，在 2003 年，德国就有 30 万吨的土苹果被制成薯片与饼干棒，之前这类产品只有加盐，今天还会添加香料、红椒粉、洋葱、蒜头、辣椒等。

土苹果字典
Das Erdäpfelwörterbuch

没有什么比涉及口腹之事更能让各民族保守的了。

——安东尼厄斯·安苏斯
Antonius Anthus

土苹果有不同的名称，根据其在不同国家的不同用语，多半可以看出这种蔬菜是由何种途径进入当地。除了西班牙语中从 papa（帕帕）转变到 patata（帕塔塔）外，意大利人因此块茎形似松露而用意大利语 tartofulo（松露）称之，由此才衍生出德语的 Kartoffel（马铃薯）一词及其他语言上类似的变化。意大利文的马铃薯最后用了 patata 一词，还是因为把马铃薯和番薯（batata）混淆了。这个相对新兴的产品造成语言上的混淆，是完全可以理解的。

“马铃薯”一词在法语、奥地利语及荷兰语中的意思皆为“土里的苹果”，其分别为 pomme de terre、Erdäpfel 与

aardappel，且此块茎还获得其他的名称如 Erdbirne、Grundbirne（土梨）、Grumpern 或 Grumpirn，这些词语都强调它生长在地底下。而方言中的土苹果说法更为众多，在此无法一一列举。对“土梨”一词的曲解发生在斯拉夫地区，捷克人可能从布兰登堡地区了解到土苹果的说法，这反映在 brambory 一词上。

匈牙利一方面采用的是斯拉夫语的名称，另一方面许多土苹果食谱来自法国，因此 burgonya（来自勃艮第）此名称亦广为人知。芬兰人以其发源地命名，斯洛伐克与波兰语的土苹果则强调其果实来自土壤中。

在俄罗斯南部地区的第一批土苹果显然不是来自德语区，其 mandy bürka 与 gardy bürka 名称带有布兰登堡的捷克语字源。

以下对照表展示了此营养丰富块茎在各国语言中的概貌：

阿富汗	kachato
阿尔巴尼亚	patate
阿拉伯半岛	batates
巴斯克地区	patano
保加利亚	kartof
中国	土豆
丹麦	kartofler, kartoffel
德国	Kartoffel
英国	potato

爱沙尼亚	karful
芬兰	peruna
法国	pomme de terre
希腊	batate
印度	aloo
伊朗	ssib-samini
冰岛	kartafla
意大利	patata
日本	jiagaimo, imo
克罗地亚	krumpir
拉丁美洲	papa
卢森堡	gromper
马耳他	patate
摩洛哥	batata
荷兰	aardappelen
挪威	potet
奥地利	Erdpfel
葡萄牙	batate
波兰	ziemniak, karrofla, karczofie
罗马尼亚	cartof, brandraburka
俄罗斯	kartofel, kartoschka, kartopha, kartocha, kartovka

瑞典	potatisen
塞尔维亚	krompir
斯洛文尼亚	korun
斯洛伐克	zemiak
西班牙	patata
捷克	brambory
突尼斯	batata
土耳其	patates
匈牙利	burgonya / krumpli
威尔士	bytaten
拉丁语	Solanum tuberosum
克丘亚语[1]	ascu, acsu

[1] Quechua，南美洲原住民的语言之一。

参考文献

Quellen und Literatur

Alles aus Kartoffeln, Wien o.J. (um 1950)

AMA: Erdäpfel aus Österreich, Wien 2000.

AMA: Hauptsache Erdäpfel, Wien 2001.

Angerer, Tatjana: Čisava župa, pisana pogača in še kaj, Klagenfurt 1987.

Anthus, Antonius: Geist und Welt bei Tische. Humoristische Vorlesungen über Eßkunst, 2 Bde., Berlin 1905.

Baudin, Louis: Der sozialistische Staat der Inka, Hamburg 1956.

Belehrungen für den Landmann, wie er seine Erdäpfel vor dem Verderbnisse schützen, besser benützen, und Jahre lang zum Genuße aufbewahren könne, Prag, 20. November 1805.

Benediktinerstift Seitenstetten: Stift Seitenstetten – Historischer Hofgarten, Seitenstetten 1996.

Berger-Fladnitz, A.: Kurze Anleitung zum erfolgreichen Gemüse-, Kartoffelund Küchenkräuterbau, Wien um 1915.

Braunin, Katharina: Neuestes, bewährtes Kochbuch, Wien 1799.

Brenner, Andrea: Erdäpfel und *Salatil*. Zu einer Geschichte der Ersatzlebensmittel, Wien Dipl. Arb. 2001.

Brillat-Savarin, Jean Anthelme: Physiologie des Geschmacks oder Betrachtungen über transzendentale Gastronomie (hg. von H. Conrad), 2 Bde., München 1913.

Brunner, Karl (Red.): Kunst und Mönchtum, Seitenstetten 1988.

Caruana-Galizia, Anne and Helen: The Food & Cookery of Malta, London 1999.

Cieza de León, Pedro: The Travels of Pedro Cieza de León, hg. u. übers. v. Sir Clements R. Markham, London 1864.

Cieza de León, Pedro: The War of Quito, hg. u. übers. v. Sir Clements R. Markham, London 1913.

Conti, Laura: Ungarn. Kulinarische Streifzüge, Künzelsau 1990.

Deutsches Frauenwerk: Der Erdapfel, Gaustelle Wien o.J. (um 1940)

Donderski, Manfred: Kartoffeln rund und gesund, München, Wien, Zürich 1985.

Doska, Marian (= Maria Dolores Hauska): 200 italienische National-Speisen,

München, Wien, Zürich 1956.

Dvorák, Jaroslav: Bramborov's Kuchyne, Praze-Karline o.J. (um 1900)

Ehrnsperger, Wolfgang C.: Kartoffel-Kochbuch, Augsburg 1988.

Gajdostíková, Hana: Tschechische Küche, Prag 1992.

Gartler, Ignaz: Wienerisches bewährtes Kochbuch, Wien 1787.

Geramb, Viktor: Ein Leben für die Anderen, Erzherzog Johann und die Steiermark, Wien 1959.

Goulon, François le (Großherzoglich Sächsisch-Weimarischer Mundkoch): Der elegante Theetisch, Wien 1816.

Grün, Karl: Ueber Nahrungs- und Genußmittel. Zur Kulturgeschichte des 19. Jahrhunderts, Wien 1873.

Habs, Robert/Rosner, Leopold: Appetit-Lexikon, Wien 1894.

Hagen, Victor Wolfgang von: Pedro de Cieza de León. Auf den Königsstraßen der Inkas, Stuttgart 1971.

Haslinger, Ingrid: »[…] und haben ein eingemachtes Kalbfleisch zum Mittagmahl genommen«. W. A. Mozart und seine Mahlzeiten, Salzburg 2005.

Hauer, J. M.: Kleines Pesther Kochbuch, Pesth 1841.

Heinrich, Hermann/Kohlberger, Alexandra (Hg.): Kartoffel in der Früh. Ein kulturgeschichtliches Koch- und Lesebuch, Bad Windsheim 2004.

Hobhouse, Henry: Fünf Pflanzen verändern die Welt. Chinarinde, Zucker, Tee, Baumwolle, Kartoffel, München 1992.

Hochstim, Frieda: Koscheres Ambrosia, Wien 1959.

Hoppe, Tobias Conrad: Kurzer Bericht von denen Knollichten und eßbaren Erd-Aepfeln, Wolffenbüttel 1741.

Huisken, Alma: De aardappel. Alles over de pieper, Amsterdam 1998.

Illustrierte Wiener Küchenzeitung, Wien 1904.

Jugoslawische Kochkunst, Belgrad 1966.

Kammer der Arbeiter und Angestellten für Steiermark und Graz (Hg.): Kochbuch, Graz um 1950.

Kortschak, Paula: Kartoffelküche, Graz 1915.

Kortschak, Paula: Neue Kartoffelküche, Graz 1889.

Die wahre Kochkunst, oder: neuestes geprüftes und vollständiges Pesther Kochbuch [⋯], Pesth 1835.

Krünitz, Johann Georg: Ökonomisch-technologische Enzyklopädie [⋯], 1785.

Landmann, Salcia: Die jüdische Küche, Stuttgart 2006.

Landmann, Salcia: Gepfeffert und gesalzen, Olten 1965.

Lang, George: Die klassische ungarische Küche, Szekszárd 1993.

Laßwitz, Sophie: Internationale Kochkunst, Graz ca. 1900.

Lichem, Silvia von: Das kleine Kartoffelbuch, Wien 1995.

Ludwig, Johann Adam Jakob: Abhandlungen von den Erdäpfeln, Bern 1770.

Maschlanka, Walter: Die Kartoffeln in der Weltwirtschaft, Wien 1946.

Maier-Bruck, Franz: Reise durch Europas Küchen, Wien o.J. Miari, Rosa Contessa: Achtzig Gemüserezepte, Wien 1876.

Mikók, Béla: Von Meisterköchen und Meisterwerken, Budapest o.J.

Mikanowski, Lindsay und Patrick: Kartoffel, Paris 2004.

Monopol: Zatkás Kochbuch, Budweis 1931.

Neuber, Berta: Die Ernährungslage in Wien während des Ersten Weltkrieges und in den ersten Nachkriegsjahren, Dipl. A., Wien 1985.

Niederederin, Maria Elisabeth: Das neue große geprüfte und bewährte Linzer Kochbuch, Linz 1804.

Oesterreichische Küchen-Zeitung, Wien, November 1911.

Ottenjann, Helmut/Ziessow, Karl-Heinz (Hg.): Die Kartoffel. Geschichte und Zukunft einer Kulturpflanze, Cloppenburg 1992.

Otzen, Barbara und Hans: DDR Kochbuch, Köln 2005.

Otzen, Barbara und Hans: Das Kartoffelbuch, Königswinter 2005.

Pallach, Ulrich-Christian (Hg.): Hunger. Quellen zu einem Alltagsproblem seit dem Dreißigjährigen Krieg, München 1986.

Penzoldt, Ernst: Der Kartoffelroman. Eine Powenziade, Ansbach 1949.

Pilgram, Karoline/Janedl, Erika: Erdäpfel, Innsbruck 1995.

R., Adele: Tania Kuchina, Lwøw 1883.

Rehberger, Gisela: Großes Kochbuch für bürgerliche Haushaltungen, Wien o.J.

Rikli, Arnold: Süddeutsches Vegetarianer-Kochbuch, Triest 1872.

Roze, Ernest: Histoire de la pomme de terre, Paris 1898.

Rumohr, Carl Friedrich von: Geist der Kochkunst, Frankfurt/Main 1998.

Salaman, Redcliffe N.: The History and Social Influence of the Potato,

Cambridge 1970.

Sandgruber, Roman: Die Anfänge der Konsumgesellschaft, Wien 1982.

Sandgruber, Roman: Konsumgüterverbrauch. Lebensstandard und Alltagskultur im Österreich des 18. und 19. Jahrhunderts, Habil., Wien 1980.

Sandgruber, Roman: Historisches über unsere Nahrungsmittel, Wien 1993.

Schmertzing, Baronin: Alles aus Kartoffeln, Wien o.J.

Schmitt, Eleonore: Kartoffel & Co. Die Schätze des Kolumbus, Steyr 1993.

Siklós, Olga/Magyar, Pál: Ungarische Küche für jedermann, Budapest 1969.

Sonnenfels, Joseph von: [···] von der Theuerung in den großen Städten, Wien 1770.

Steinberger, Josef: Erzherzog Johann und der Bauernstand, Graz 1959.

Stocklin, Franziska: Neue Wiener-Kochschule, Linz und Wien 1798.

Völksen, Wilhelm: Auf den Spuren der Kartoffel in Kunst und Literatur, Bielefeld 1988.

Vollständige und genaue Anleitung [···], Brünn 1843.

Der die vornehmsten Europäische Höf durchwanderte, und ganz neu in der Schweiz angelangte Hof- und Mund-Koch, Welcher mehr als 1500. Speisen auf das schmackhafteste und nach der neusten Art zuzurichten lehret. Nebst einer kleinen Haus-Apotheken, und mehr als 300. dem Frauenzimmer dienlichen sehr raren Kunststücken [···], Zürich, Bey Johann Gutmann, 1762.

W., J.: Vollständige Anweisung zum [···] Pflanzen der Erdäpfel, Wien 1759.

Weggemann, Sigrid/Benker, Gertrud (Hg.): Kulturprägung durch Nahrung. Die Kartoffel, München 1997.

Wehinger, Anna: 422 Kochrezepte, Dornbirn 1894.

Wieserinn, Marianne: Neues, selbstverfaßtes Kochbuch, Wien 1796.

WIZO Föderation Wien: Jüdische Tradition – Moderne Küche, Wien 1993.

Zentner, W.: Die Kartoffelküche, Kaschau (Ostslowakei) 1836.

Zuckermann, Larry: Die Geschichte der Kartoffel. Von den Anden bis in die Fritteuse, Berlin 2004.

DIE AUTORIN

Ingrid Haslinger ist Historikerin und Anglistin. Sie ist freie wissen- schaftliche Mitarbeiterin in der Wiener Hofsilber- und Tafelkammer, publizierte u. a. »Tafeln mit Sisi«, »Gulasch – eine Kulturgeschichte« und »Von Suppen und Terrinen – die aufsehenerregende Karriere von Speise und Gerät«. Im Mandelbaum Verlag erschien »Tafelspitz & Fledermaus – die Wiener Rindfleischküche«

BILDNACHWEIS

Kartoffelmuseum München S.10, S.30, S.53, S.54, S.75, S.164; Fe- lipe Guamán Poma de Ayala: *Nueva coronica y buen gobierno* S.16, S.25: Redcliffe N. Salaman: *The History and Social Influence of the Potato*; S.26, S.34, S.38, S.47, S.50: Illustrirte Wiener Küchen-Zeitung, 1889, S. 73, S.111.

图书在版编目（CIP）数据

诸神的礼物：马铃薯的文化史与美味料理 /（奥）英格丽·哈斯林格著；薛文瑜译 .—杭州：浙江大学出版社，2018. 5
ISBN 978-7-308-17712-2

Ⅰ.①诸… Ⅱ.①英… ②薛… Ⅲ.①马铃薯—饮食—文化史—世界 Ⅳ.① TS971.2

中国版本图书馆 CIP 数据核字（2017）第 330818 号

诸神的礼物：马铃薯的文化史与美味料理
［奥］英格丽·哈斯林格 著　薛文瑜 译

责任编辑　周红聪
文字编辑　李　卫
装帧设计　李　岩
出版发行　浙江大学出版社
（杭州天目山路 148 号 邮政编码 310007）
（网址：http:// www.zjupress.com）
制　　作　北京大有艺彩图文设计有限公司
印　　刷　北京中科印刷有限公司
开　　本　880mm×1230mm　1/32
印　　张　6.75
字　　数　130 千
版 印 次　2018 年 5 月第 1 版　2018 年 5 月第 1 次印刷
书　　号　ISBN 978-7-308-17712-2
定　　价　40.00 元

浙江大学出版社发行中心联系方式：(0571) 88925591；http://zjdxcbs.tmall.com

浙江省版权局著作权合同登记图字：11-2018-191 号